全国高等学校建筑美术教程　名校名师系列

东南大学
视觉设计联合教学

东南大学建筑学院美术与设计研究所　著

U0344288

陕西新华出版传媒集团　　陕西人民美术出版社

图书在版编目（ＣＩＰ）数据

名校名师系列. 东南大学. 视觉设计联合教学 / 东南大学建筑学院美术与设计研究所著. — 西安 : 陕西人民美术出版社, 2019.12
全国高等学校建筑美术教程
ISBN 978-7-5368-3656-3

Ⅰ.①名… Ⅱ.①东… Ⅲ.①建筑设计—视觉设计—高等学校—教材 Ⅳ.①TU2 ②TU114

中国版本图书馆CIP数据核字(2019)第268136号

全国高等学校建筑美术教程参编学校

清华大学　香港大学　同济大学　天津大学　东南大学　浙江大学　昆明理工大学

全国高等学校建筑美术教程编委会

主　　编	周宏智
编　　委	贾倍思　杨义辉　赵　军　曾　琼　赵思毅　沈　颖　朱　丹　张　蕾 蔡　萌　童祗伟　王燕珍
特邀顾问	蔡　萌
丛书策划	邱晓宇
责任编辑	邱晓宇
封面设计	王立波

江苏高校品牌专业建设工程资助项目［TAPP］

全国高等学校建筑美术教程·名校名师系列

东南大学——视觉设计联合教学

作　　者	东南大学建筑学院建筑美术与设计研究所
出版发行	陕西新华出版传媒集团 陕西人民美术出版社
经　　销	新华书店
地　　址	西安市雁塔区曲江新区登高路1388号
邮　　编	710061
印　　刷	西安五星印刷有限公司
开　　本	889mm×1194mm　1/12
印　　张	11⅔
字　　数	210千字
版　　次	2019年12月第1版　2019年12月第1次印刷
印　　数	1-2000
书　　号	ISBN 978-7-5368-3656-3
定　　价	48.00元

前　言

　　如今的建筑设计教学，正如香港中文大学建筑系的顾大庆先生所说已从对立面的推敲和对单一视点的营造作为设计追求转向为对空间和建构的兴趣，设计的研究与表现从传统的手绘图转变为更多地借助实物模型、电脑辅助设计等手段来完成。建筑教育中的美术教学定位需要同建筑设计基础课定位密切关联。因此，建筑美术教学需要顺应建筑设计教学发展趋势的转变，从纯绘画训练转向以强化对空间和材料的感知训练、引入更多的设计方法和媒介，介绍更多的现代艺术概念和方法为主要内容的视觉教育，以培养具有可持续融会创新能力的设计人才为目标。

　　东南大学建筑学院的建筑美术基础课程对以往的传统古典主义"学院派"素描、水彩技法训练基础教学进行了视觉设计基础改革，改艺术表现技法的传授为注重艺术观念的培养，改美术实习为视觉设计实习。由与绘画接轨的基础教学模式转为与设计接轨的基础教学模式，突出对设计理念和形式语言的培养。在素描教学中引入了"设计素描""意向素描""抽象形态""空间表达"等练习；在色彩教学中保留写实的色彩写生，侧重于色彩的快速表现，并引入色彩设计，包括色彩设计基础、造型思维与色彩、建筑的环境色彩设计等。

　　近年来，我们在本科三年级的第一学期设置为期一至两周的实验性联合教学，有目的地邀请一些外国建筑学院或艺术设计学院相关领域的教师来指导某个专题的认知实践，旨在引进先进的教学理念和方法，把建筑美术教学的内容进行拓展和扩充，试图超越单一领域的教学方法，如发现材料潜力、营造空间诗意、着重培养动手能力、接触更多艺术形式，从而在更高的层次实现教学目标。

　　这些专题教学使学生的美感、形式感、创造性思维、工具运用能力、综合组织能力等都得到了训练，在短时间里焕发出惊人的创造力和执行力，有效地提高了学生的认识能力、审美能力和设计能力。在以往的几次联合教学活动所呈现出的是教学的整个操作过程比最后的结果更有趣。不论是哪一个主题的创作练习，都要涉及创作概念的形成、形式的生成、设计的展示等几个方面，最终，形式在研究过程的推进中逐渐生成，展览也成为一个讲述故事的过程。

　　本书是对近几年我们在建筑美术基础实验性教学方面所做的工作小结，以期进一步为我们建筑美术基础教学提供一些参考，推动教学改革并进行更广泛、更深入的研究，使教学在内容、形式、方法上更加多元，更加生动活泼，更加有利于同学们拓宽思路，较快地提升视觉设计基础水平。我们希望能借此机会抛砖引玉，与同行进行交流切磋，并欢迎大家批评指正。

东南大学建筑学院美术与设计研究所

目　录

绘画 空间 设计
——与法国巴黎玛拉盖国立高等建筑学院的艺术实验

课题设计
学生作品与评析
外籍教师观点

课题设计

东南大学建筑学院环境设计系的全体教师围绕32课时的视觉设计基础实习课程开展了一场为期9天的中法联合教学，参与此次教学的是全体三年级学生。由赵军老师牵头，邀请任教于法国巴黎玛拉盖国立高等建筑学院（Architectural National Superior School Paris-Malaquais）的法籍教授菲利普·葛汉（Philippe Guerin）先生对此次联合教学进行指导。

联合教学的目的

此次联合教学是以刚升入三年级的学生为对象，针对其设计及创新思维所进行的一次强化性训练，使学生获得初步的理论基础，并根据不同的表现方式获得实际操作的经验，获得实际尺寸和艺术表现尺度之间的对比意识，更好地理解三维向二维空间的过渡以及二维向三维空间的过渡，获得表现艺术和方法的相关的历史与理论知识，获得与创作方法相适应的准确的观察和重构，获得想象的自由度。

在前后三个习作的训练中，学生可以获得与表现技法相关的工具与知识，并体会到文化概况以及艺术与建筑之间的关联。学生们从前一个练习到后一个练习中逐渐发现各自的关注点，实现在作品构思与制作的过程中突出设计思维的延续性以及整个过程的连贯性。这种教学方法具有独特的感性特点，不以追求新颖为唯一标准，而是对整个设计过程进行真诚的、真实的记录。

联合教学的内容与方法

艺术与建筑从本质上来说是不同的学科，建筑空间与绘画空间也不是同一种空间。现代艺术与其表现形式，如拼贴的使用、现成品艺术的发明、抽象艺术的选择等都体现了人们对世界的质疑从而获得了新的表达自由，它是对承袭于文艺复兴时期传统的表现手法和法则的重新跨越。现代性，尤其是在两次世界大战期间欧洲的现代主义的革命成果，无疑重新搭建了艺术与建筑之间交流的桥梁。后来，"造型艺术"的提出促进了画家、雕刻家和建筑师之间的深度合作。此次联合教学是围绕设计的主题教学，用跨学科的教学方法,通过开发把涉及平面空间与三维空间表现的理论问题交叉起来的方式，将艺术实践与建筑思维联系起来，借此让学生体会艺术与建筑之间的某些关联。

教学的主要内容由三个不同主题的讲座和一系列辅导习作组成。通过"空间中的一点""只是想法"和"绘画时光"等主题讲座，提出西方与空间概念有关的几个基本内容，训练学生的批判性眼光，启发学生的创新思维。辅导习作是对每个讲座中历史性及理论性研究的一个延续。

作业与练习要求

最终的习作题目和内容是一个开放的主题，教师帮助学生自行围绕一个论题（这个论题是由讲座里的主题所启发）进行研究并以此实现个性化的、原创的概念设计。

习作一：理解性练习

根据对讲座一的理解，练习将空间布置转化成作品。

手法：一条引言，一个习作

"没有什么比一个表面更有深度。"

——保尔·瓦雷里（Paul Valéry，法国诗人、作家、哲学家，1871—1945）

根据引言的内容，自定义一个论题，自选材料及表现手法，以一个作品来总结对讲座一及引言的理解并进行深入诠释。

习作二：发展性练习

根据对讲座二的理解，发展习作一的成果，深入或跨越。

手法：一条引言，一个习作

"所有建筑都是对运动的一个框景。"

——沙维尔·法布尔（Xavier Fabre，法国建筑师、玛拉盖国立高等建筑学院教授）

根据对引言的理解，结合讲座二的内容，对习作一的论题进行深入研究和阐释。自选材料及表现手法，对习作一进行一个深入或跨越式的发展，形成习作二的成果。

习作三：独创性练习

每个学生提出自己的问题进行研究，结合这个问题，重新思考习作一和习作二的成果，形成一个最终的、思想内容充实并有一定创新理念的作品。

葛汉教授在授课

学生作品与评析

联合教学的成果及其过程（一）

作者：于善君　中方教师：沈颖

全国高等学校建筑美术教程·名校名师系列

东南大学／视觉设计联合教学

习作一：平面的深度

　　这一系列的作品以文艺复兴时期开始出现的透视法为出发点，尝试将立体图形和平面图形相互投射，在平面与三维物体上呈现不同的视觉效果。

　　关键词：平面与立体，透视法，投影

　　文艺复兴时期，运用透视法绘制的画作开始出现，画家将感知到的物象转化成平面与平面的关系，即把三维场景投影到平面画纸

1. 平面的网格
2. 将平面正交网格投影到三维物体上
3. 底面为正方形的突起物体
4. 将凸起物体上的正交网格投影到平面上
5. 上图物体加以正交网格
6. 将下凹物体上的正交网格投影到平面上
7. 习作一成品

1	2	3	4
5	6	7	

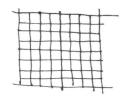
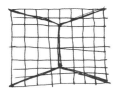

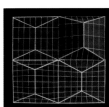
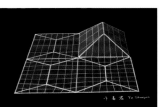

上，使视像更具真实感，更详尽地表达物体的存在状态。同样，将平面的图形投影到三维物体上，也可削弱三维物体的凹凸感。

以黑色为底色，尽可能减小明暗对视觉的影响，从正前方可以观察到具有深度的平面图形和平面化的三维物体。

习作二：浅空间

关键词：平面，倾斜面，笛卡儿坐标系空间

20世纪60年代，概念艺术和极简主义仅用最基本的四边形、三角形和圆形，以及最简单的三原色和黑色，反映外化为几何造型的思考内容。

如果将平面也视为空间，分别以黑白网格和三原色色块表现两组三种不同深度的空间，在某一点观察时可以获得同样的视觉效果。

分别以黑白网格和三原色色块表现的平面图形

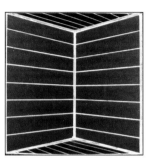

现实中相互垂直的平面组成的三维空间

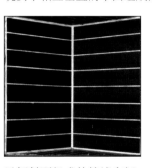

以倾斜面组成的较浅空间

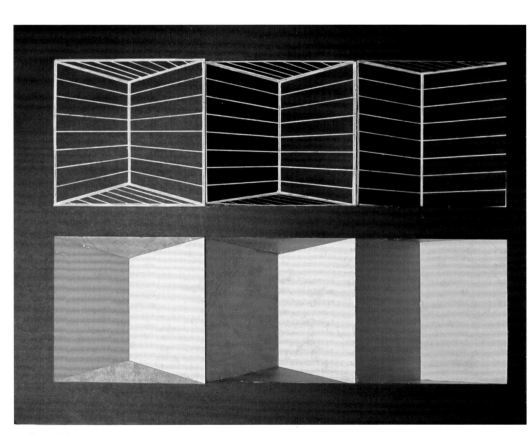

习作二成品

习作三：舞台的深度

分析位于意大利维琴察奥林匹克剧院（1580—1585）的深度感，剧场的布景为几条向后不断抬高变窄的巷道，在两侧及地面上有按照透视法绘制的壁画。前面的高度连续后退，由突出的雕像从视觉上来补充；借助突出部分和壁龛的合理组合来增加深度的想象力。

将现实空间、倾斜面和平面的图形相互组合，以黑白网格和色块分别表现抽象的舞台空间。

将现实空间中，垂直面的上下交角分别替换为平面图形和倾斜面，在较浅的空间中创造现实空间应有的深度感。

奥林匹克剧场

习作三成品

教师评析

受概念艺术的标杆式人物索尔·勒维特（Sol Lewitt）作品的启发，作者对现代艺术作品中的抽象极简做了与空间相对应的一系列研究，按照"三词训练"定出每个步骤最为关注的三个关键词，以此为依据展开研究。最后尝试将像帕拉第奥设计的奥林匹克剧场这类空间的深度感外化为几何抽象形式。前后三个习作承前启后，具有思路的延续性、外化形式的统一性和过程的连贯性，获得了葛汉老师的高度认可。

联合教学的成果及其过程（二）

作者：唐晓兰　中方教师：沈颖

习作一：平面的深度

关键词：突破，内与外，对比

"撕裂"这个动作，可以理解为仅仅是撕裂一张纸而已，但是我把它理解为一种突破，这使得平面有了改变，有了三维的意向。每个人都会有自己不同的想法，但是相同的一点是我们都认为平面有所不同。正因为有上面的一个动作，就产生了"内"与"外"的关系，也就产生了三个层次——平面内、平面上和平面外，且三者间有所交流。如果我们可以进入到平面的内部，或其内部的东西可以跳出来展现在我们眼前，这又会产生怎样的改变呢？

是表面内外的交流、对比和相互依存；是平面与立体的冲突；是繁荣后必将萧瑟的定论；是红与绿的色彩表达；"没有什么比一个表面更有深度"，这不仅仅表现在空间的深度上，也表现在这个平面所表达的内容的深度上，你聆听到了什么，又有何感受？

习作二：建筑是对运动的框景

关键词：运动，取景

运动，总是伴随着时间的流逝，可以是一瞬间，也可以是一段历史长河；取景，就是对某一个时间点的定格。每一系列不同照片的接续，都表达的是一个事物的发展过程——从胚胎到老年，从种子到森林，从雨滴到大海，从部落到都市，不一而足；每一条接续在穿过时间的平面时都是一个时间点的定格；每一条接续都是从平面后的绿色渐变到平面前的红色，是一种对比。

习作三：线的框景

当线条不再是平面中二维的图形，而是冲破平面，成为三维的、立体的，甚至是与展厅空间发生空间联系的物体，会给人完全不同的视觉体验和思考。观众和作品之间到底是一种怎样的微妙的关系？是线条从作品中流动出来，还是观众进入作品去观赏？

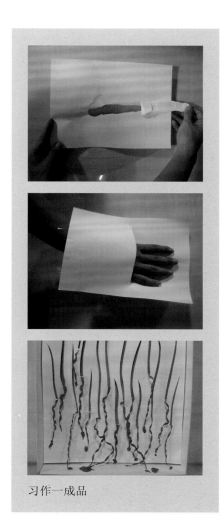

习作一成品

习作二成品

习作三成品（一）

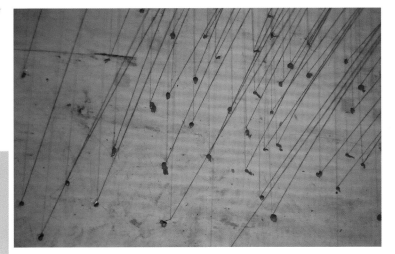

教师评析

　　这个研究受到意大利艺术家封塔纳（Lucio Fontana）"割破"画布的突破性艺术作品的启发，从一个简单的撕裂动作开始，将平面的深度与一个平面的内与外相联系。作者最初为自己设定的"突破""内与外""对比"这三组关键词在前后三次习作中得到了延续和发展。作为内与外的突破与对比，作者想要表达的内容很多，最终放弃了一些较为具象的内容，选取了仿镜面纸张与线的抽象形式，重点放在意向的画框展品前的观展空间，用红色油泥锚定数根从"镜面"中伸出的红色棉线在展厅空间的地面上，视觉效果细腻而富有张力。

习作三成品（二）

联合教学的成果及其过程（三）

作者：岳碧岑　中方教师：沈颖

习作一：平面的深度

　　人类的认知是感性与理性的结合。人用理性去分析客观世界，变化着的各种透视关系是人对世界的认知。人用感性去感受世界，事物、人物，重叠在一起的，是人对于各种纷繁事物交织的主观认知。

　　习作一中的中心方框是中性的，而加入了阴影的方框在空间中有了深透视，是人对于客观世界分析的产物，而变化着的透视则表现了人对于世界的不同的分析。变化着的透视关系，为中性的框赋予了不同的意义，也使整个画面更有深度。这深度不仅是画面本身，更是观者与画、作者与画，甚至是作者与观者的思想的深度沟通。

习作一成品

习作二：拼贴

　　拼贴是一种记事方式，它可以像电影一样记录这一系列或相关或毫无关系的事件。一张简单的作品，如同框住了一段穿越时空的人和事。有的可以让人联想，有的令人思考，或仅仅只是为了表达一种让观者莞尔一笑的幽默。拼贴不仅仅是简单的剪切粘贴，时间空间赋予了它思想上的深度。同时，线条、色彩、构图的美感，表现在同一幅画面中，每一个画面所承载的，远远大于它表面的价值。

习作二过程

习作二成品

教师评析

    第一组习作依据透视原理在平面上还原空间的深度。第二组拼贴习作试图从意义的扩展上来解析平面所具有的深度。从由人体上肢组合简化而成的"少即是多",到牵手毕加索不同时期的作品,从力与美的组合到戴安娜王妃与蒙娜丽莎的相遇等,原本无关的图像之间发生了关联,观者可以感受到由于偶然或某种必然所带来的具有观赏价值的信息。两组习作都具有较强的形式感。

联合教学的成果及其过程（四）

作者：余海男　中方教师：沈颖

习作一：平面的深度

关键词：无限，二元，交流

镜面反映的内容具有无限的深度和广度，借以指代外部世界。进而以为外部世界的像因经过薄薄一层物质表面的转换后为人所接受而更为客观。

半个"面"按文义可理解为描述性的，也可仅被视作一个面状的符号。重要的在于它是非客观的，表达了人的智觉因素。借以指代人的内部世界，其含义是无限的。

两个面垂直接触以产生交流，主因客而完整，客为主所侵入，镜面与符号的交流成为客观与主观的交流。

习作一成品

习作二：窥

"无论孔洞或窗口，墙都相对之构成边框。墙为实，孔为虚。一方面将观察者与观察的对象隔离：为看提供隐蔽；另一方面又要求观察者为安全感付出代价：片段，看不到的剩余。"

"看和被看的经验与看和被看的两个空间。"

——张永和

这是在前者的基础上，尝试对"窥视关系"作进一步探讨。

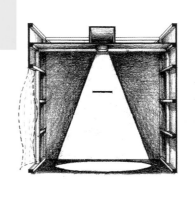 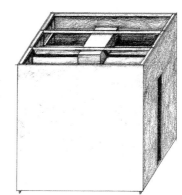

1.偷窥者的困境

体验者进入三联厢的居中的一间，左右两侧厢壁上都有窥视孔，望进去希望一窥相邻厢房的内容。起初难以辨认看到的内容，当偷窥者意识到观看的只是自己经过一组镜面后呈现出的虚像时，体验结束。看和被看两种经验同时体验，看和被看两个空间相互重叠。

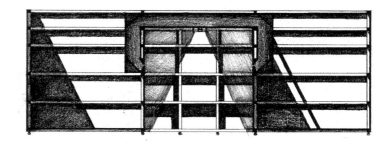

习作二（一）设计思路

2.偷窥者的协约

装置被放置于展室的中央，四面厢壁上都设有窥视孔。好奇的参观者从四面向内看——厢内没有内容物，窥视空房间的偷窥者们"以眼还眼"，静默中履行彼此的协约。

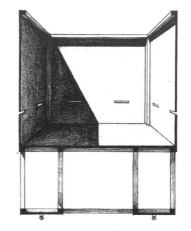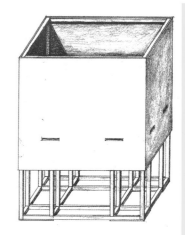

习作二（二）设计思路

习作三：时空切片

运动表明时间向度的存在，时空二者共同构成经验的世界，习作三尝试解构通常性的经验时空，以获得更多可能性。

若在空间中设立一个切面，以表明二维平面的广度，又以不具方向的时间为第三维，即获得这样一种经验：过去，现在和未来全部叠合在薄薄的平面上，二者构成新的三维结构，并获得宏大叙事的全景。

若在空间中设立一个切面，又以具有方向的时间为第三维，即获得三维物体在二维表面上的一系列投形，共同组织起微叙事性质的经验片段。

以"马雷（Étienne-Jules Marey）的运动影像分析"和杜尚的《下楼梯的裸女》作为先例，对第二种时空观进行尝试。

教师评析

这一系列习作先较直观地通过镜面探讨平面的深度，而后深入研究了空间中人的观看和行进的行为。这位同学受马雷移动影像的启发，利用现有的技术将自己行进中的身体动作用摄影机拍摄下来，并对其在同一空间的不同平面上进行切片分析，将瞬时在空间中展开，重塑了人的行进动作。这位同学喜爱阅读，具有较强的实验能力和较强的抽象思维能力。

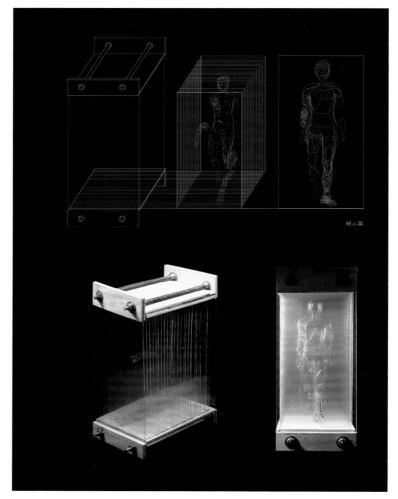

习作三成品

全国高等学校建筑美术教程·名校名师系列　东南大学／视觉设计联合教学

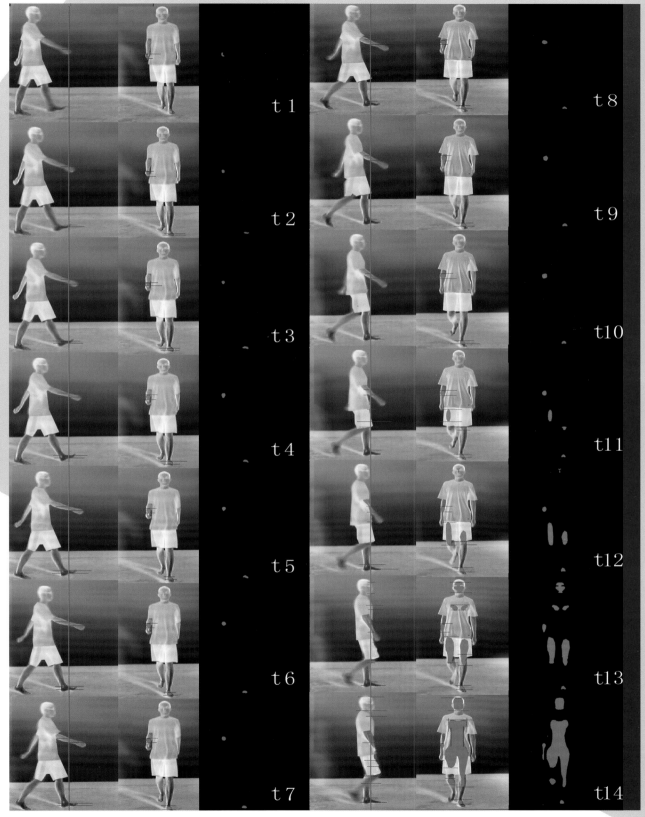

t 1
t 2
t 3
t 4
t 5
t 6
t 7
t 8
t 9
t10
t11
t12
t13
t14

习作三分析过程（一）

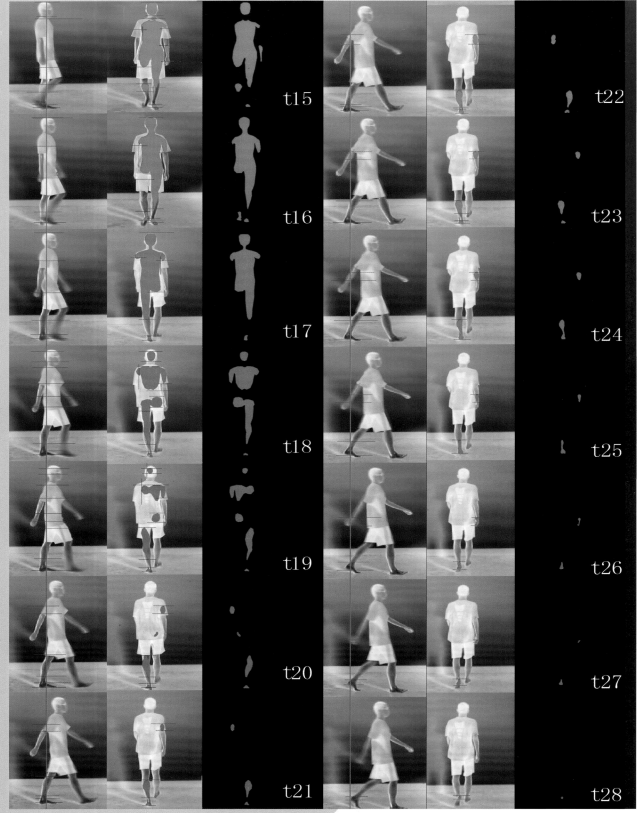

习作三分析过程（二）

联合教学的成果及其过程（五）

作者：施婧　中方教师：沈颖

习作一：平面的深度

关键词：简单与复杂，平面与立体，叠加与转化

点是最简单的却可以组成复杂的画面，这体现了简单与复杂，而复杂的画中的点若被一排排折起来，透过透明的纸张，看到的将是一排点，但此时纸不再只是平面而是具有了厚度，在平面与立体的转化中图像也随之变换，并且这两个动作均体现了第三个词组，即叠加与转化。

这个作品中不可忽视的是手上的动作，而在一个静止的作品中，作者的意图也许很难被理解，且如果能在似开未开时从各个角度发现不同的景象应该更明显。所以作者选用了半透明的硫酸纸，并重新选取由点组成的图像，即两张看起来类似却明显不同的脸，从一个角度看到的是哭脸，而从另一个角度看到的是笑脸，两张脸均是哭中带笑、笑中含哭，体现了矛盾性与融合性。

习作二：三线相交

在第二份习作中决定延续习作一的两面性与复杂性。作者用具有反光性的镜子代替了硫酸纸，把镜子割成一片片，并将它们之间的夹角呈160度连续排列。在考虑镜子之前的图案时，由于镜片呈锯齿状，如果是复杂的图案在镜子中只会变得更复杂，同时发现镜中的影像有时会重合，于是试着将一串点与镜子相交，发现在镜内影像的左右两侧各出现了一条点，形成三线相交的景象，但因为点都是完整的，因此线的端头并未相交，在将端头的点改成120度的扇形后，便构成了完整的三线交会。

习作三：标志

此习作的出发点是一种幽默的态度，做出一些标志，既是作品，也是对最后布展时展厅氛围的一种营造。主要方法是通过打孔，用空的圆点形成图像，从而产生一种朦胧之美，远观是一个整

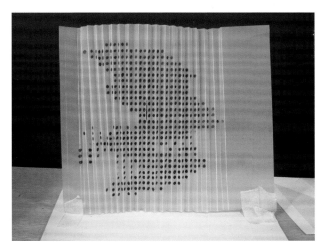
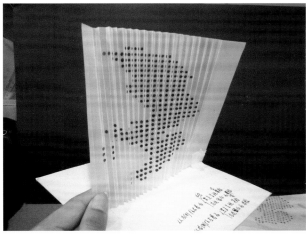
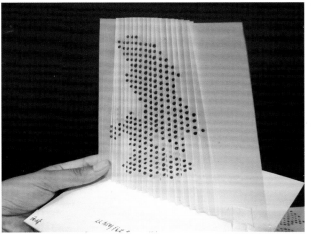

习作一成品

体，近看却有不同感受，延续了两面性与复杂性。

最后作品分为两个，一个是从左和从右看分别是向左转与向右转，另一个则是禁止车辆通行标志和禁止吸烟标志。

教师评析

这套习作将平面的深度与符号的传达联系起来，三个习作都是在探讨平面的两面性。介质（纸张或镜面）经折叠后会产生两个截然不同的被观察面，观察者可以分别从这两个不同的面观看到不同的信息，如果再经过巧妙的设计，还可以有中间过渡的第三个面衔接图形的变换。这有没有可能成为一个有趣的立面设计呢？观看者在从立面的一边向另一边的行进过程中，会发现立面呈现出有趣的图形转换变化。

习作二成品

习作三成品

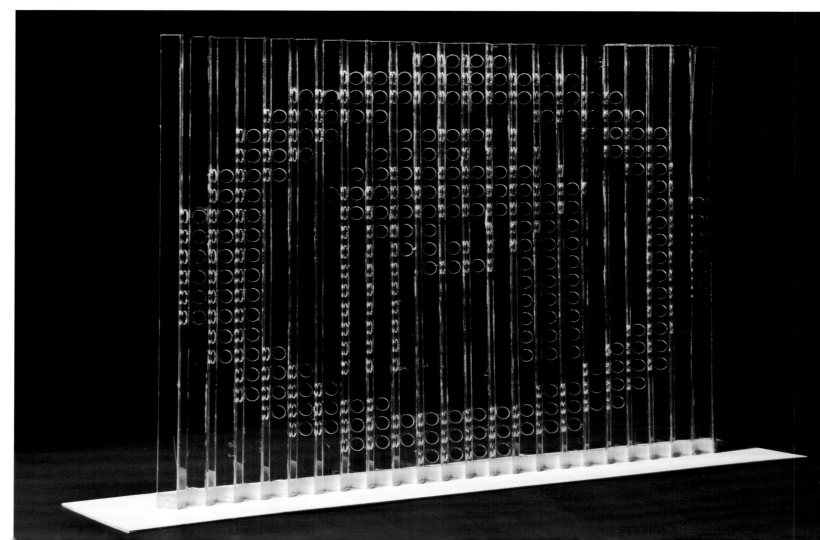

联合教学的成果及其过程（六）

作者：季欣、张翔　中方教师：朱丹

习作一：剖面即表面

对于表面的理解：表面可以反映事物的过程或者深度，反过来说，事物发展过程的某一个片段可以反映事物的深度和过程。于是小组成员想到将剖面作为表面，用剖面反映事物的内部结构和肌理。一方面，剖面拥有特殊的肌理，在表达和表现上具有强烈的视觉效果；另一方面，这样的肌理也是和被剖切物体有着密切的联系，通过剖面的表达可以反映事物的本质。因此，用多种常见的物体，例如树枝、吸管，将它们捆绑起来，以表达剖面。

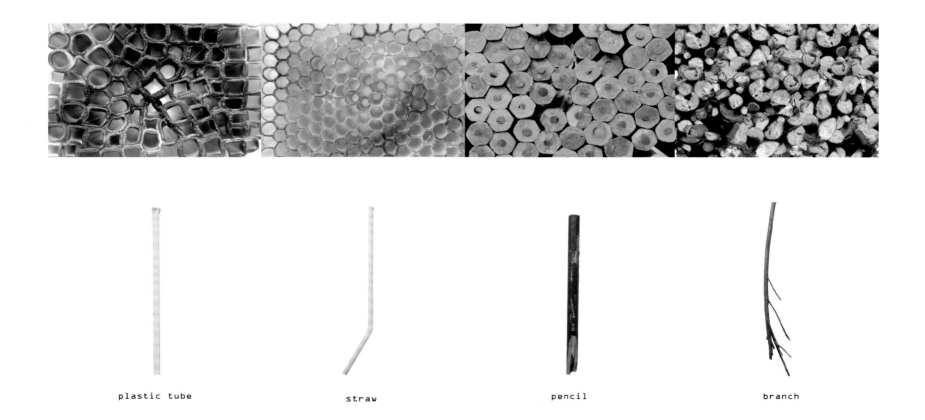

plastic tube　　　　　straw　　　　　pencil　　　　　branch

习作一成品

习作二：表面的欺骗性

表面有时也具有迷惑性，无法反映事物本质。因此可以将表面理解成装饰，而内部的结构是有待揭示的。为了这个揭示的过程具有震撼力，于是思路便产生了：用报纸糊成一个较大的体块，表面喷漆，掩盖其材质，而在体块中央挖一个洞，将材质暴露出来。这个手法强调了表面与本质的对比，并且通过一个"野蛮"的方式表达出来。

教师评析

这组的两个设计是围绕"表面的深度"这一子课题而展开的。从字面上的意思来看"表面"就是物体与外界所接触的一个薄层的区域。既然是一个薄层，那么它的深度该如何体现？在讨论的过程

中，成员们意外地从建筑剖面图中获得灵感，剖面图是建筑空间深度的一个截面，单独拿出观察时便形成了一个表面的图案，但这个表面由事物发展过程来控制，因此从这个角度来看，表面即剖面。

同时，我们日常所看到的表面往往具有欺骗性，比如化妆，比如包装，平静的水面下往往暗流汹涌……即使在阅读时也时常会被要求撇开表面进行深度观察。"表面欺骗性"的这个作品试图采用黑色幽默的方法从这一视角来揭示不流于表面的深度。成员们试图通过粘贴、喷漆、打磨等处理方式将报纸这一材料的表面处理成皮革的质感，然后在这个表面上打开一个洞，让观察者可以发现内部真正的材料。通过揭示表面也可以作假给予生活上的启示，我觉得这个作品应该是一个超越了形式感，而触发人们思考的具有深度的作品。

newspaper

习作二成品

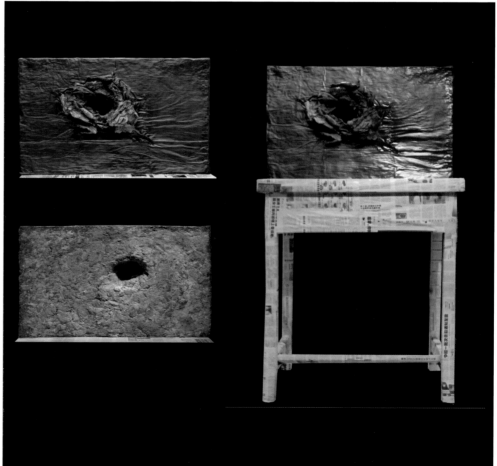

联合教学的成果及其过程（七）

作者：王里漾、李欣路　中方教师：朱丹

习作一：表面的深度

　　小组成员偶然发现了餐桌表面的有趣痕迹（图1），那是长期受热及摩擦形成的。这恰好符合了"没有什么比一个表面更有深度"的课题。组员们运用拍照、墨水拓印、水粉涂抹等方法将其转移至纸上。由于痕迹太浅，这些方法都不能取得很好的效果，最后使用不同粗细的笔在半透明的纸上描绘，尽可能真实地表现它的线条韵律（图2）。他们发现作为人文活动的痕迹——城市的交通图（图3）与其有着极强的相似性。

　　顺着这一思路，组员们试图寻找时间留下的其他线索。年长的树木枝干（图4）、受雨水侵蚀剥落的墙面（图5）、白铁皮的锈斑、墙面的水印、老者的皱纹等，这些都是时间的脸。经过挑选并采用手工制作的方式，他们描绘出餐桌和墙面剥落的痕迹，皱纹及树纹的样子。

Dinner Table

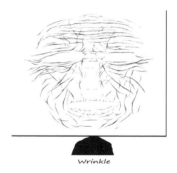

Wall

习作一素材

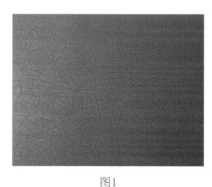

图1

图2

Wrinkle

图3

图4

图5

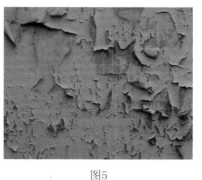

wood

Face of the Time

习作一成品

习作二：线条韵律

组员们寻找了其他有线性特征的物体，利用反转颜色对其进行描绘，企图发现线条的韵律，于是形成了第二组习作。

习作三：体验时间

组员们重新思考了餐桌上的痕迹，它是时间的一种显性表现——在以为时间无从刻画的同时，它已悄然在各处留下痕迹，展示着自己的容貌。

最终组员们以一组图配以一块白色石膏，构成了习作三。希望参观者能通过参与去感受时间的主题。在观赏后，可以用喜欢的任何东西，在石膏上留下属于自己的印记，每一刻，它都会是一张崭新的时间之脸。

习作二素材与成品

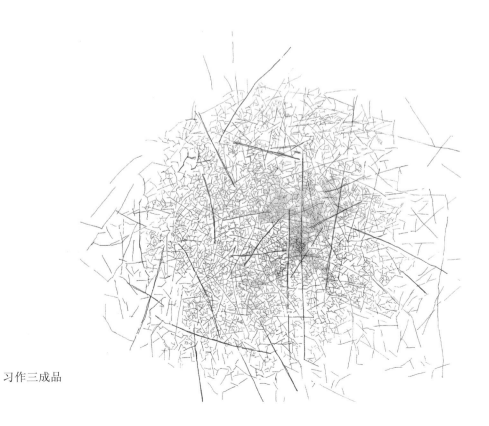

习作三成品

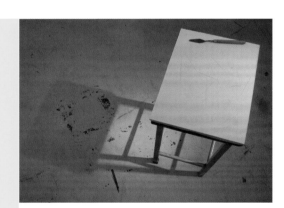

习作三创作过程

教师评析

　　同样是表面的深度这一课题，该组成员将深度与时间轴进行了类比。时间可以理解成为线形的轴，具有时空上的深度。事物的表面经过时间的洗礼就会慢慢发生改变，我们在某个时间点所能观察的表面应该都只是时间深度轴上的一个片断，人们有时也可以通过这个片断的表面所呈现的状态来反推时间进程的深度。如树木的年轮，如人脸上的皱纹，如城市的肌理等。在设计的终点，小组成员们以一块石膏板让参观者自己创作出表面的肌理，随着时间的发展，参观者互动行为的增加，表面得以不断改变……

联合教学的成果及其过程（八）

作者：沈禾微、和嗣佳　中方教师：朱丹

习作：人的运动与空间感受

　　本设计由"空间中的一点"这个题目出发，结合建筑、运动、人体等因素生成。根据物理中相对运动的经典观点，可以认为"人在空间中运动，空间在人中运动"。但由于空间是一个不固定的存在，为达到这个目的，我们运用了部分抽象的建筑构件，穿插在人中，为了加强空间穿透性和视觉震撼力，把人解构为一些肢体。这样，所有因素都受到了相对的干扰，作品呈现出来的是人与空间的同时变化，在这中间，没有严格的参照物，参照物只有人自己。

　　在这样一种环境中，人和空间达成了一种默契：如果人的活动是有秩序的，那么带来的空间形态也应是有秩序的；如果人的活动是混乱的，那么带来的空间也是混乱的。虽然我们同处在一个空间内，但由于不同的、自我的、唯一的运动，带来的是相对的空间，进而反馈到我们自己的大脑，形成感受。这个空间的固有形态并不重要，重要的是非固有的那一部分，属于我们每个人的那一部分。

习作思路：用人的肢体相互拼接，在一张图中表现多个行为

习作局部

习作成品　空间中的人体

教师评析

　　这个方案是围绕着空间、人、运动这三个要素展开的。对空间的体验需要依赖在该空间中运动着的人的具体感知。相对于静止的空间而言，人是在运动的；反之，以人作为参照，也可以理解为空间在人体四周运动。在这个设计的初始阶段，习作者设想用一些节点装置使空间的构造能够像人体关节一样变换和扭转，从而实现空间运动，但是由于客观条件的限制，某些结构部分未能实现事先想好地扭转；于是他们设法用静态的模型来表现。作品中原先所设定的人与时空相互干预的观点，对于大部分艺术范围似乎都是适用的。

联合教学的成果及其过程（九）

作者：吴超楠、姚远　中方教师：张蕾

习作一：没有什么比一个表面更有深度

　　小组成员们希望探讨的是二维和三维的转换。在构成主义代表人物马列维奇的作品中，他以三维表现了二维。在杜尚的绘画作品中，他以一个简单的动作突破了平面的表现。如果认为二维和三维之间的转化是简单的，那么我们想探讨的是二维和三维的关系问题。

　　于是产生了一个简单的设想：我们观画无论以什么视角，都是在三维的世界观察二维，而假使我们处在一个平面世界中，可以看到的三维世界会是怎么样的，会像中国古代的散点透视类型的画，或者毕加索的立体主义作品？透过一个平面，我们的世界变成了画面，画面本身变成了一个实质的世界，我们成了画的内容，而画面内部的手是创造我们的画师。在此，表面的深度被发掘到了无限的层次。

习作一示例

习作二：线条的图像与图像的线条

　　习作二延续了上一个主题，依然是探讨转化的问题。依据霍金的理论，低维度之所以呈现出低维度的特征，是因为我们没能足够精确地放大观察。譬如一片树叶之于一个蚂蚁，是一个面，而对于地球，它就是一个点。当我们将所观察之物拉近到足够近，它则是以体的形式出现的。

　　假设我们把地球的一条纬线展开，它能呈现出面的特征，像一幅风景画，但同时它又是线性的。诸如此类的关系还有很多。最后，我们想到了借用《清明上河图》这样一幅具有明显线性特征的中国画表现对此的思考。

　　在无限远的表面，它以粗线条的形式呈现，而借助足够精确的放大，我们实现了人眼分辨率下画面的展开，从而证明线与图像是可以转化的。

习作二示例

习作三：表面与空间的互动

这次，转化不再是主题，组员们认为事物的关系探讨应该包括转化与互动两个方面，既然低维度和高维度之间是能够相互影响的，那么有理由认为可以用一种渠道将两者以直观的形式联系起来。

安格尔的名画《泉》中最主要的入画点似乎是那个瓶口，出画点是脚底下的泉。对入画点进行重新演绎，假设那就是一个媒介，从无限深度的画面后，用光的形式代替水流出来，到三维世界的杯子中。这样关系就升华到了互动的和谐，我们顺着入画点会发现回到了一个真实的物体，于是，出画点就成了我们这个世界本身。到底哪里是画面，哪里是真实？或许语义上已经不再清晰了。

教师评析

受到法国老师提供的范例的影响，小组成员从绘画的表现形式着手，引入新的物件，为原画添加了维度和新的意义。有些想法具有思想上的深度，不过实现的形式与其想法上仍有一些距离。

联合教学的成果及其过程（十）

作者：郝凌佳、王雨晨　中方教师：张蕾

习作：向马列维奇致敬

这一套名为《面》的作品是组员们向现代主义大师马列维奇及其"至上主义构成"的致敬。至上主义构成强调情感抽象的至高无上，反对物体的具象表达，要摒弃甚至摧毁传统造型艺术中的具象表达方式。作品中采用圆及圆的变形，在三个层面上通过不同色系的材质试图阐释不同的感受。

（1）白色系

在这个系列中我们运用了有机玻璃、白色PVC板和白色瓦楞纸这些冷色系作为材料，以传达一种冬季雪地的感觉。

（2）红色系

在这个系列中我们选择了一些有分量感的暖色系材料，如木

024

习作三成品

习作资料：马列维奇的作品（1，2）

习作资料：马列维奇的作品（3，4）

头、锈铁片以及鲜亮的红色卡纸，希望这套红色系作品能传达一种历史的厚重感。

（3）灰色系

这个系列作为最后一个系列，选择了一些柔软的布料及毛线，虽然仍是以圆形作为构图的中心，但是材料的改变也为这个系列增添了一点现实色彩，也符合所要表达的现实与抽象共存的状态。

习作（1）成品

习作（1）成品局部

习作（2）成品局部

习作（2）成品

教师评析

　　《白上之白》是马列维奇的至上主义终级作品，彻底抛弃了色彩的要素，白底上的白方块微弱到难以分辨的程度。所有关于空间、物体、宇宙规律的观念都变得没有意义，表现出某种最终解放的状态。本课题这组习作以极简的构成形式向画家致敬，并保留了马列维奇所强调的动感。

习作（3）成品

联合教学的成果及其过程（十一）

作者：路思远　中方教师：方晓珊

习作：运动与空间

　　建筑的形态是几何体运动的结果，将建筑抽象为最简单的几何体，在体量上进行大小变化时，就形成了内外多个层次，这种形态很接近我们所感知到的丰富的空间。在最外层底部特别设置了玻璃镜，通过镜像，放大了几何体块的运动，形成了更为丰富的空间形态。

　　建筑的表面也是运动的结果，形体的运动产生了韵律感。当圆形、方形、多边形在不同层次的几何体块表面运动时，增加了空间的层次，产生了透明性。外与内，虚与实，展现出运动与空间的内涵与联系。

教师评析

　　用层叠嵌套的立方体块生成富有变化的集合体形式，也为空间增添了可视的深度。对于"运动"则体现得不太明晰，如果这些透空的形体是与某个运动有所关联而形成的，并有明晰的分析，则会更有意思。

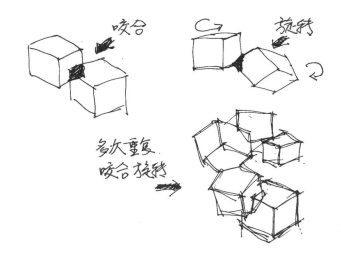

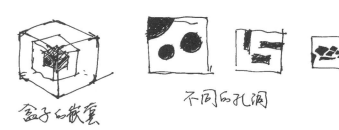

习作草图

习作成品

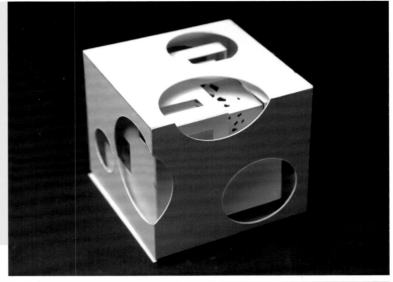

习作成品的拆分状态

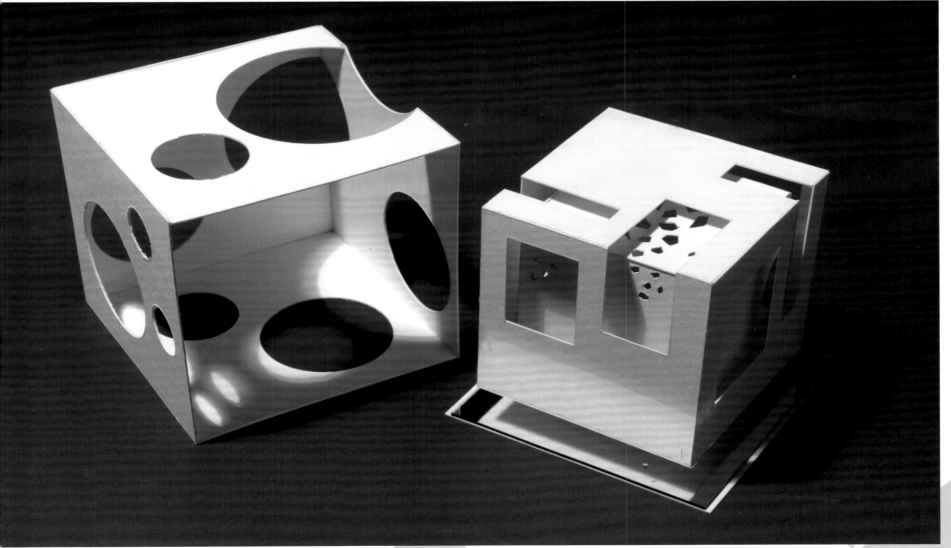

联合教学的成果及其过程（十二）

作者：田梦晓　中方教师：方晓珊

习作：表面的深度

　　本作品重点表达中西方绘画的异同。从人物、景物、风景、场景四个角度选取中西方部分绘画作品，分别重叠于四个人像面具上。通过墨色的交融体现中西方绘画的区别和相似之处。

　　操作过程中，将选取的画作铺于人像面具上。接着将水泼在纸上。滴洒的油彩随着水流淌并混合，最后停留在未知的地方。纸也贴合在人像上形成隐约的五官。

教师评析

　　法国老师启发同学们可以从多角度、多方位地思考"深度"这一主题，这样可以带来研究的多样性和独特性。从这个角度理解，人的面孔或者表情也蕴藏了许多含义，具有意义层面的深度。面具之下隐约可见的面部表情似是而非，引发观者多义的解读。这一系列成果有较强的视觉效果和观念性，更像是学生的艺术创作作品。遗憾之处在于没能对逐层递进的课题进行延续性的拓展和对空间、运动、深度进行更进一步的研究和创作。

习作之阶段一

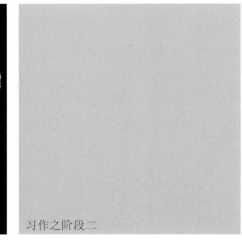

习作之阶段二

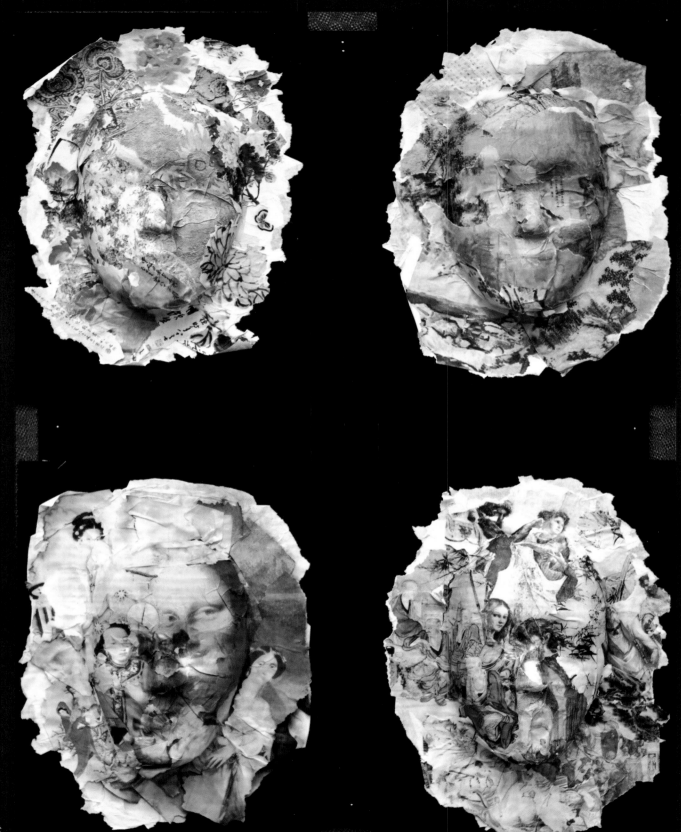

习作之阶段三

联合教学的成果及其过程（十三）

作者：郭欣欣、黄卿云　中方教师：戴斐

习作：纸·纹——二维与三维的转换

一张白纸，如何正反折叠着，就构成了造型各异的三维物体？这是一个有趣的实验，很多理性的科学家为之进行了数学分析，甚至编出程序，计算折痕。在展开的纸上留下的折痕，清晰地展示着从二维到三维转换的过程，为平面与空间的关系提供了新的解读方式。

教师评析

折纸是一种有趣的传统民间艺术，折纸的纹路有着深浅变化，既显示着折纸作品的过程，同时又暗示着最终作品的形态。从平面中感知立体，这是一个很好的出发点，作为最终的成果，似乎思路才刚刚开始，还可以更进一步。

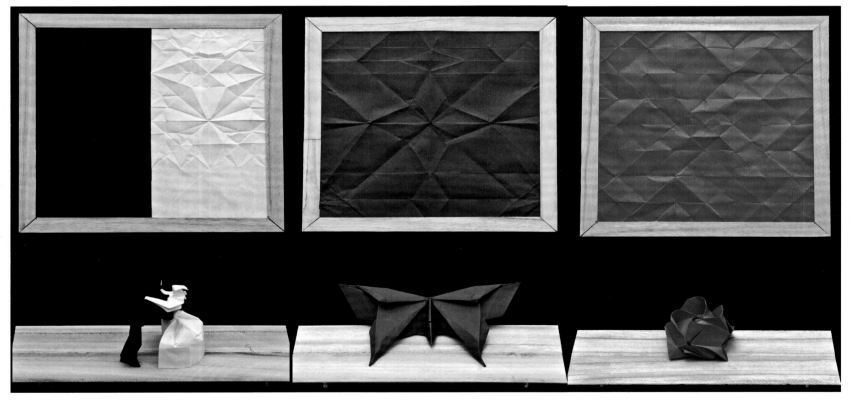

习作成品

联合教学的成果及其过程（十四）

作者：张钊、彭文哲、钱凯　中方教师：戴斐

习作：没有什么比一个表面更有深度

"没有什么比一个表面更有深度。"

"所有的建筑都是对运动的一个框景。"

即使看不见，也不意味着它不存在。

由一堆工作室废弃的垃圾所搭成的貌似非主流的作品，经过灯光的照射，在白幕上投射出类似一座城市的剪影，就像小时候玩的影子游戏一样。

教师评析

这是由各种工作室废弃的垃圾组成的投影景观。换一个角度观看城市，似乎带有一些环保观念。如果是这样，造型物品的选择可以更多选取于城市生活垃圾。

习作成品

联合教学的成果及其过程（十五）

作者：翟炼　中方教师：胡碧琳

习作一：没有什么比一个表面更有深度

表面：事物的非本质属性，即表象。

深度：事物的本质属性，即内在。

两个哲学层面相悖的名词，在自然界却总是完美地统一在一起。表面总是需要通过一定途径达到深度的本质，或距离，或光影，或空间……表面自有深度，因为这是个现实的世界。

一个墨点

从它降生的那一刻

就在努力渗透着，扩散着

它的绚烂，美如夏花

……

终于，在一张纸的面前

它停下了脚步

累了，倦了

那就停下来吧

这个历程

就是生命的深度

……

习作一成品

习作二：建筑是所有运动的框景

建筑

是一种诠释

诠释诗意的自然

以让充满劳绩的人们

栖息心灵的家园

……

框景

是一双眼睛

缤纷斑斓

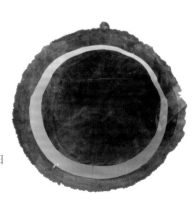

习作二成品

一个圆洞
照壁？空间？
或者，更像是一轮太阳

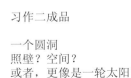

只有契合灵魂的美丽

方有栖息的恬然

……

依然是墨点

打开它

就是打开了一扇门，一扇窗

静静守候

这宁静里

有你想要的悠然

……

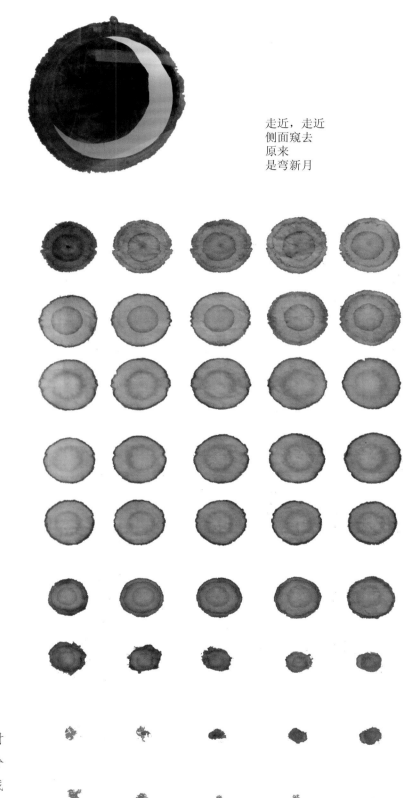

走近，走近
侧面窥去
原来
是弯新月

习作三：生命

是晕开的一瞬

是渗下的一抹

是凝成的绚烂

是余下的空白

……

我来过

看到那美丽的绽放了吗

我爱过

听到那静静的倾诉了吗

……

终于

我还是消失了

……

白纸

无穷无尽

最美好的

是那些印记

习作三成品

教师评析

在这个把自然渗透与吸附现象物化的作品中，作者表现了她对重力的感知及对材料特性的充分利用，而观众则通过作品的结构分解又感知了作者的表达。通过这种有节奏、有韵律及有意味的构成方式，能轻易地唤醒观众对宏观与微观、抽象与具象、正形与负形的"再发现、再思考"，使观众解读也成为作品生命的一部分。

联合教学的成果及其过程（十六）

作者：路天　中方教师：沈颖

全国高等学校建筑美术教程 · 名校名师系列

东南大学／视觉设计联合教学

习作一：没有什么比一个表面更有深度

关键词：无限，映像，透明

无限：拥有进深感的空间，给人以不断延伸、无穷无尽之感。

映像：水与光都能使物体产生与之对应的、相似的映像，物的原像与映像层叠交错，是视觉上的真实与虚幻。

透明：透明性产生多重空间，物质与空间的透明体现了浅空间与深空间之间的关系。

设想第一层是白纸，其余每一层纸片都打有小孔。将一定数量的纸片重叠，由多个简单的平面相加，产生一种富有深度的空间感受。

光从装置的后侧照入，观察者从观察筒观察。通过光源上下、左右、前后移动，可以看出因移动的轨迹、频率、光线的变化，产生不同的效果。

习作一成品

习作二：穹

通过营造一个半封闭的空间，在空间上方安置作品，作品整体用简单、纯净的白色，给人毫无瑕疵的感觉。当观众在幽暗的半封闭空间仰头观看，犹如置身在无边无际的冥想空间。平面给予人无尽的想象空间，就像是仰望星空时的感受。

作品为边长为30厘米的白色立方体，在立方体中部放置数层白纸，第一层是白纸，其余每一层纸片都打有小孔。同时在装置上方安装25瓦的白炽灯作为光源。

教师评析

光影与空间的组合往往能营造出美妙的效果。这个作业基本实现了作者的意图，光影为空间增添了深度感，光影效果也较为理想；实现的模型形式稍显粗糙，可观看的光影界面在规模和维度上都可以适当斟酌，应该会有更好的效果。

习作二成品与局部

联合教学的成果及其过程（十七）

作者：孙志峰　中方教师：胡碧琳

习作一：没有什么比平面更有深度

（1）以桌面为画布平面，利用不同光源对手投下的阴影产生叠影和不同灰度，光影暗示了画面之外光源的方位，形成空间的深度，以小见大。

思考：表面和深度。为了寻求画面之外的深度暗示画外的空间，于是寻找画与画外的联系，想到了光线，利用画面暗示光源的位置，暗示空间。

（2）借鉴中国印章的拓印方式，用卷纸的端部在画布表面密布敲章，以小的图案单元形成大的平面，其中暗藏这卷卷纸的存在。卷纸可以下按形成凹洞或向上凸成锥体，体现深度，小聚成大，大中见小。

思考：联想儿时玩的胶带圈可以摁下，可以挤出，这是一个可以体现空间和深度的玩意儿，于是考虑用此法为材料创造一个表面，这个表面由圈的图案组成，考虑用印章的方式。

（3）利用"相对"的概念做比对，远看是很细微的东西，近看未必。纸这个材料，远看是个平面，近看表面的细孔则相对放大，可以透过其看到背后的景物，体现深度，大小相对。

思考：联想到一件事物宏观和微观的区别。很多在宏观上看似简单的表面，而在微观层面却有自身的结构和深度，例如人的皮肤。但皮肤难以表达，于是用其他物品替代，比如布或者纸，同样有两层，且更容易表达。

习作一（1）示例

习作一（2）示例

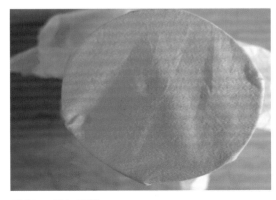
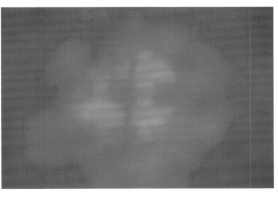

习作一（3）示例

习作二：图像的线条，线条的图像

从平面中长出三维的树。树从画中来，又在某些地方进入画面，完成二维平面与三维空间的融合和转换，同时体现二维和三维上线条的表达，亦内亦外。

思考：线条与图像。由线条组成的图像，希望图像和线条同时保持自我。选择有张力的线条是必要的，想到枯树，特别是那种遒劲的枝干，线条本身就有种力量感，不会轻易失去线条本身；画布和树穿插，形成交融，二维和三维交融，亦内亦外，最后抽象出树枝的线条，形成水平和竖直的构成。

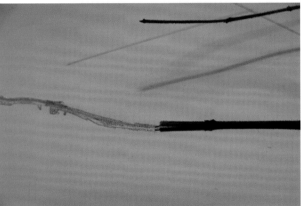

习作二成品

习作二局部

习作三：自拟

延续第二个作业，树作为时间在空间层次上的表达，暗示时间的流逝过程。由树枝抽象出的线条看作时间树在画布上的投射，形成了时间刻度；同时纵横的线条让人联想起城市的街道，而街道与时间紧密相连，有它的发展过程，从而构成完整的表达。

思考：作品中的抽象线条可以有多种解释，而树可以表达时间的概念，于是有了这个设计。

教师评析

这位同学对主题进行了较为多元的思考，把自己的思考轨迹与过程记录得比较完整。在习作三中除了延续习作二关于树的表达，还引入时间概念，设计了一个小装置，试图反映时间、空间与人的关系，表达三者的交融，但与之前的思路关联性较弱。他调头回来继续为习作二增加了维度，将时间概念置入其中，以表达抽象的生存状态。他对树的演绎让人想起蒙德里安关于树的一系列创作。

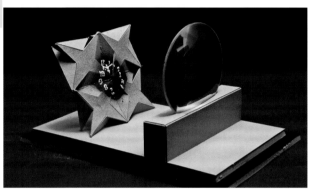

习作三成品

外籍教师观点

外籍教师简介

菲利普·葛汉（Philippe Guerin）先生自幼年起就在艺术学校学习绘画，17岁时受蒙德里安作品的影响，并于次年开始在巴黎学习建筑。获得建筑学学士学位后，他选择了投身于绘画，在欧洲多次展出自己的作品。自1995年起，他先后任教于法国威勒敏建筑学院、法国诺曼底国立高等建筑学院、意大利尤尼卡建筑学院、法国巴黎玛拉盖国立高等建筑学院、法国瓦德塞纳国立高等建筑学院。葛汉先生所受的建筑学教育和他作为画家的人生经历，使他逐步发展出一系列理论性与实践性课题，以学科交叉的方式，试图在历史、现代和当代三者之间建立一种本质的联系，找寻艺术与建筑相关联的线索。

观点

这次教学实验根据葛汉先生在法国巴黎玛拉盖国立高等建筑学院和法国诺曼底国立高等建筑学院的多年教学经验和成果浓缩、简化而成。其宗旨并非在于传授学生某种设计或创作的具体技法，而是力图让学生了解西方艺术及其历史的同时，学会发展自己的艺术观，培养学生对作品的独立思考能力和批判精神。在此基础上，在当今势不可挡的全球化背景下，对自己国家传统文化的走向有一个独立、深入的思考。

他对于建筑院校各个艺术学科地位的观点主要有两个：一是以特定课程进行的自学式艺术教育，这与具体的建筑设计方案没有直接的关联，但会让学生获得与表现技法相关的工具与知识，并让他们认识、理解到文化背景，这两者在建筑师的职业培训中必不可少。二是以跨学科教育教授艺术的曲折之法，融入建筑方案的设计与表达过程中去。这种教学并不一定立即具有在建筑设计上的操作性，但可以提出问题，使学生回归到方案，让他们消化所获得的经验与知识，从而丰富自己的创造性过程。

跨学科性意味着各个学科领域的存在，以及他们所特有的思想相互作用。为了让这些方法对学生的研究真正有益，教学的历程应该最终全部回归到出发点，让他们能再次研究相关的法则，充分理解和更好地使用那些本身就存在于建筑学中的自由。

学生们依据同一个题目做出各自的作品，总的来说他们对这些练习给予了充分的重视，从对某个想法的执着追求，到精心制作的每一个步骤，再到选择恰当的实现方式都付出了大量的努力。他们在研究的过程中逐渐融入一定的自主性，最终上交的作品呈现出多样性。不少真正全身心投入的学生在作品制作中也呈现出其思维的连续性以及整个过程的连贯性。

非建造材料的建造
——与荷兰"材料感官"工作室的材料实验

课题设计
学生作品与评析
外籍教师观点

课题设计
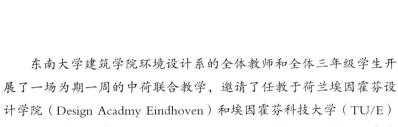

东南大学建筑学院环境设计系的全体教师和全体三年级学生开展了一场为期一周的中荷联合教学，邀请了任教于荷兰埃因霍芬设计学院（Design Acadmy Eindhoven）和埃因霍芬科技大学（TU/E）的教授西蒙娜·德·瓦尔特（Simone de Waart），与任教于圣卢卡斯艺术学院（Sint Lucaste Boxtel）的教授帕特里克·维塞尔（Patrick Vissers）来对此次联合教学进行指导。瓦尔特女士和维塞尔先生联合创办了材料感官（Material Sense）工作室。经过双方的反复沟通，确定以"非建造材料的建造"为主题。

联合教学的目的

技术是关乎文化的，它既可传统又可创新。荷兰教师通过一些方法指导学生们的这次创造新材料构造的旅程，使来自不同文化背景的不同观点在这里得到交换。使学生学习通过"亲身体验"（hands on experiences）创造新的材料；通过利用不同制造技术的新组合来认识材料，认识它们的特性、感知属性、性能和意义。

联合教学的内容

新材料是为制造商寻求新特性而造就，由科学家在实验室里发现或通过研究从新的科技发明中萌生。但是，最重要的具有独创性的新材料往往是从艺术家和设计师对现有材料的再创造中获取新的灵感，并以一种巧妙而有创意的方式被组合应用。

中荷联合教学活动中师生合影

在教学过程中，通过"技术引入"，学生们可以用一种新的制造技术去发现对旧材料、熟知材料的具有创造性的组合，或者反之，创造一种与不同的传统工艺技术组合而来的材料。

所有的表面装饰、构造和肌理都将会运用一种创新的方式，以创造新颖而原创的材料样品。材料表面从材料的特性和意义的组合中萌生，而意义将由作为设计师或建筑师的学生们赋予这些材料，为空间中新的应用唤起新维度的物化。

联合教学的方法

荷兰教师先后以两场讲座打开学生们关于材料认知的视野，通过三个连续性的小课题逐步指导同学们对所收集的非建造材料进行矩阵式的排列和分析，鼓励学生从视觉、触觉、听觉等方面进行感知去理解材料，接触材料，了解其特性和相关联的意义；通过材料表面的结构和肌理来探索新元素创造的可能，通过材料的联结和建造来实现三维的组合，实现从二维到三维的转换；并设计和创造一个语境，将其转化为一个展览、传达一个故事。课程实践部分以学生分组形式进行：其中一组同学由荷兰教师带领；其余小组由我院任课教师指导，中方教师与荷兰教师保持密切的沟通交流；再由荷兰教师对每组同学的第三个小课题进行指导。

对生活中一些常见的材料进行了收集，并把它们处理成了10cm×10cm规格的样品

对材料从视觉、触觉和听觉等方面进行感知，并通过寻找关键词对特定的材料进行描述

通过感知的探查来理解材料（认识，分析）

↓

接触材料，了解其特性和相关联的意义（分析）

↓

通过为建造的元素的创造来探索（制作）

结构和肌理（二维）

联结和建造（三维的组合）

↓

从二维到三维的转换（制作，设计概念）

↓

创造和设计一个语境

↓

转化为一个展览、传达一个故事（传达，演示）

作业与练习要求

启发学生思考个人感兴趣的材料，并收集这些材料。要求每人至少收集5种，同种材料具备一定的数量。

准备大约10cm×10cm的材料小样，小样不一定会成为最终被选用的材料，而是在第一个练习中进行分析用，旨在锻炼同学们对材料的认知和分析能力。收集结构和肌理的照片用于启发灵感，如

来自大自然、工业生产、工业景观、公共空间、时尚杂志等的照片。收集关于材料联结和节点的照片，以启发在第2、第3练习中实际操作、制作时设计出新的材料组合与节点的联结方式。作业分为以下三个单元。

1．材料研究：

（1）分析所收集材料的感知属性，在小组范围内运用材料进行分析练习。

（2）拍摄结构、肌理、节奏联结的照片：搜集10张被选的材料图片，打印在10份A4纸张上，注意保证材料图片细节的清晰度。

（3）调研中国传统材料工艺：调研至少5种有趣的中国传统工艺，作为个人灵感，展示给小组其他成员。

2．制作小样：用所选材料进行表面结构实验，从备选材料中优选出一种材料，进行材料组合实验，制作出长、宽、高为15cm～25cm的小样。

3．从材料到三维物体：在空间的语境中进行材料构筑空间的创新组合设计。

最终，要求学生们将作品组织起来，举办一个展览，将每个作品的演化过程展示出来，以叙述故事的方式来传达展示的内容。值得注意的是，练习前后三个不同的阶段之间潜藏的联系是否被巧妙的体现尤为重要。

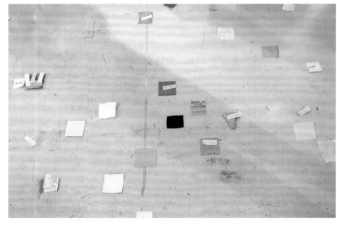

用两对属性上相对的概念词组建纵坐标和横坐标，将两对概念词组置于坐标系的四个端点，将所选取的材料列入这样的二维阵列中进行分析

寻找有关肌理、结构与节点的有趣的照片，对图中的内容进行讨论，并将其列入坐标系中进行分析

学生作品与评析

同学们在先期准备中，针对非建造的材料做了充分整理与收集，如日常塑料制品、报纸杂志以及硬纸板等纸张类材料、管状材料、织物面料、木材或板材原料、五金件（可用于节点设计）等，所收集的材料需满足具有适用潜力并且易于获得较大批量制作的要求。对于工具的准备上，非建造材料的建造方式应该遵循另一些规则，不需要受到传统建造材料及建造方式的束缚。同学们紧扣这个主题，各自准备了各种DIY的工具，如工具刀、订书机、捆绑材料、钉子、胶水、针、熨斗、缝纫机等，以期用特殊的材料和手法在后期创造出新颖的节点与形态。

在联合教学中，同学们经过分析整理所收集的材料样本，确定

了对宝特瓶、塑料吸管、塑料袋、纸扑克牌、木夹、一次性纸杯、宣纸、橡皮筋、蕾丝等各种廉价的非建造材料进行二次创造。它们都是身边唾手可得的材料，同学们分析其特性、探究其特有的美感，并设计出有特点的节点，遵循某种规则性原理，设计出一个单元，生成一个界面，围合成一个空间。经过本次课程的学习，同学们对材料本身及其肌理、节点和结构的认识，从原先的较为感性地停留在成品表面转向理性地深入分析，使得大家尽可能地摆脱了定性分析所带来的确定性和主观性。在之后的学习研究中，大家也可以运用这种分析方式，把感性分析尽量理性化，深入剖析并挖掘对象的特质，使得对事物的认识更加透彻。

联合教学的成果及其过程（一）

作者：韩思源　中方教师：张蕾、沈颖

材料分析

受荷兰教师的讲座及其材料分析方法的启发，小组成员找出了几组感兴趣的对材料特性的相对性表述词语：自然与人工、粗糙与细腻、柔软与坚硬、易得与不易得等，将它们置入平面坐标系的端点，对坐标系在意义上进行限定。

在几组限定意义的坐标系内对现有的材料进行分析，依据材料样本的特性，分别在几组坐标系中按照其各自两两相对的定义为材

料进行排序，以获得对材料更深入的认识。小组成员最终在这个过程中选定1～2种可以继续发展的材料：纸张与竹夹。

将在准备阶段所收集的结构和肌理的照片进行排组，借助同样的方法在坐标系中进行二次分析，寻找对选定的材料最有启发性的结构和肌理的图片。

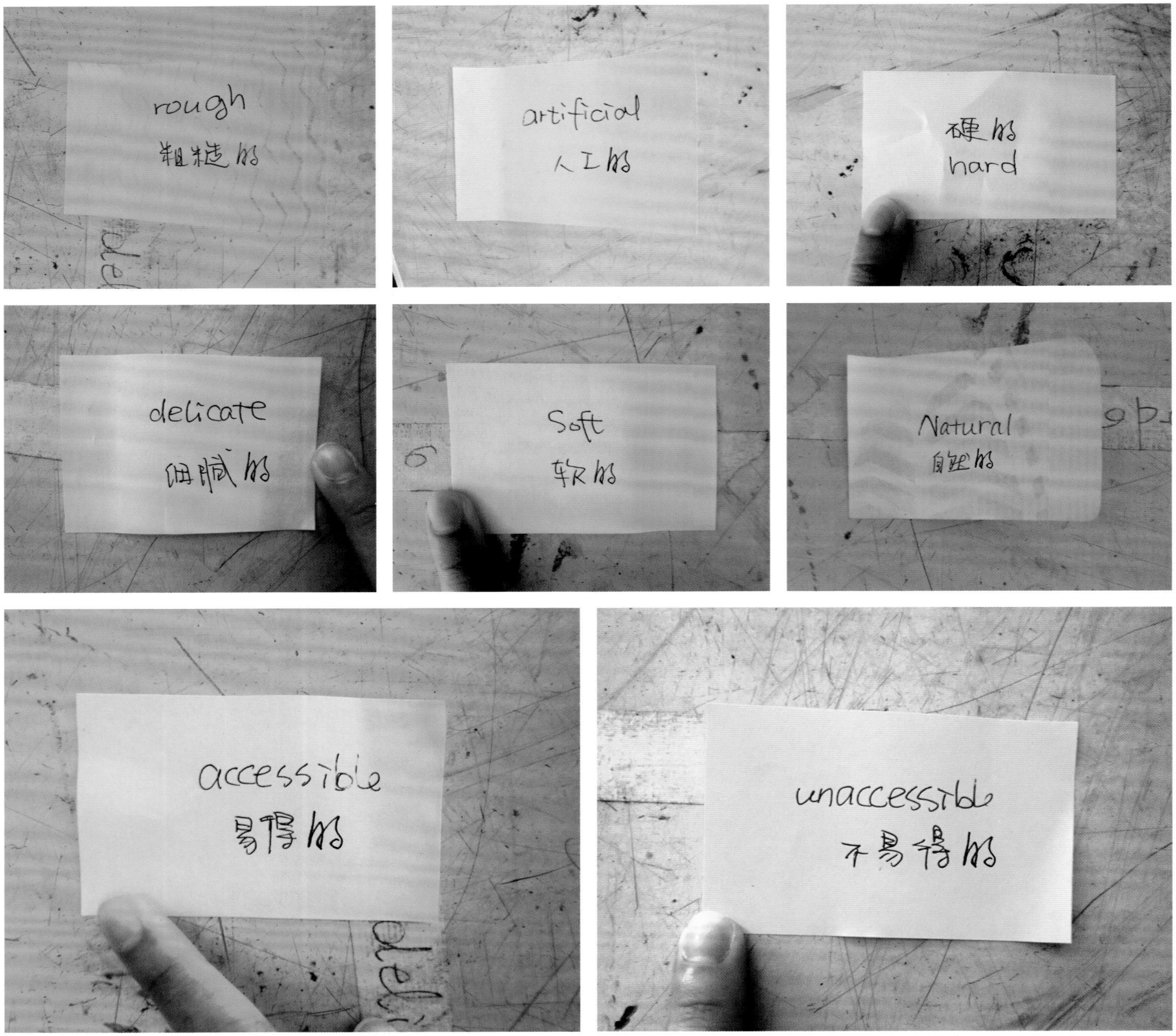

材料特性分析步骤一：提炼表述词语

节点设计

分别用纸张和竹夹制作节点小样，并尝试将两种材料组合制作节点。在反复比选中，选定进一步发展中国传统的生活用品——竹夹本身的联结组合的可能性。以竹夹作为基本的设计单元，考虑其物理特性：即两片竹片通过中间的金属弹簧连接，产生压力和摩擦力，将夹子进行了不同的咬夹，进而形成不同的基本形式单元。竹夹互相咬合、互相强化，有的咬合可以生成直线形的形态，有的咬合可以生成曲线形的形态。

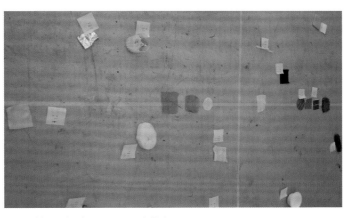

材料特性分析步骤二：照片排组

材料特性分析步骤三：针对选定的材料分析有价值的材料
结构和肌理

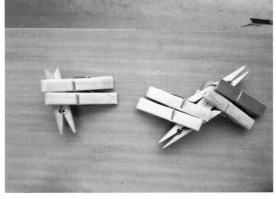
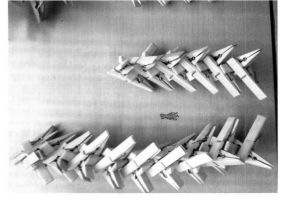

从节点到单体

小组成员所设计出的竹夹咬合基本单元，制作出复杂的曲面，形成特殊的表面肌理，削弱了原始材料的辨识度，提升了形成新的材料结构和肌理的可能性。第三阶段的成果既保留了原有竹夹的材料质感，也创造出新颖的材料感受，形成一种崇高的观感。

教师评析

荷兰教师这次组织了一场别开生面的趣味材料实验，从生活中随处可见的日常用品中发现其美学价值，指导学生突破对某个物件的固有认识，将对材料的感性认识与理性分析相结合，发展其可塑性。进而通过研究材料的表面结构和肌理以及发展具有合理性和审美性的联结方式，来探索新元素创造的可能。小组成员有很强的行动力，他们几乎是同时进行了对两种材料的实验，一种是纸张，另

形体生成过程

一种是竹夹。对于纸张，他们主要是研究纸的插接形式。在对竹夹的研究中，最有趣的部分是他们制作出可以生成直线形和曲线形的两种不同的咬合形式单元，这样在搭接的过程中，整体形式可以根据需要产生直线生长抑或发生弯转扭曲，形成非预知的新形式。在竹夹的发展过程中，他们曾经经历过一次瓶颈，最初的想法是完全利用夹子自身的咬合，不借助其他黏合的工具来实现形体搭建。结果发现这样一来只能横向发展，无法实现在高度上的突破，于是想要放弃竹夹，转向纸张插接。但是纸张的插接由于时间仓促的关系，视觉效果并不十分理想，后来他们接受了老师的建议，纳入黏合物，把形式向纵向发展。最终生成的造型是其中的一种可能性，它就像是乐高模块一样，可以发展成多种有趣的形体。就形体单元本身而言，也可以发展出更多的咬接方式，丰富形体单元。在联合教学结束后，也许是觉得意犹未尽，组员们继续购买了大量的竹夹，搭建竹夹阵列，试图设计出体量和形态更多变的竹夹结构。

实验成果整体与局部

联合教学的成果及其过程（二）

主要作者：虞菲　中方教师：曾琼

材料感知

　　小组成员对材料特性在用封闭与开放、尖锐与顺滑、新奇与可预期、坚硬与柔软、可靠与现代等意义限定的平面坐标系中进行分析，并在用新奇与可预测、平面与空间、自然与人工、单一与复杂、规则与不规则等意义限定的坐标系中对肌理节点图片进行分析。他们归纳出材料创新的五种可能。

　　（1）充分利用材料潜能，挖掘材料特性，以一种崭新的方式展现出来。

　　（2）通过改变材料原有的性质，如软硬、透明性等，将坐标系中两端材料的特性进行对调，结果令人意想不到。

　　（3）用一种材料对其他材料进行模仿，例如人工材料对自然材料的模仿。

　　（4）通过对两种属性不同材料的组合，使得材料"看上去"与日常不同，即在视觉上引起人的错觉。

　　（5）通过建立材料与人的行为关系建造一种新的材料。

　　对于材料的创新运用，在于发掘材料的内在潜力，将常见的材料通过不常见的手法运用起来，达成令人耳目一新的艺术效果。

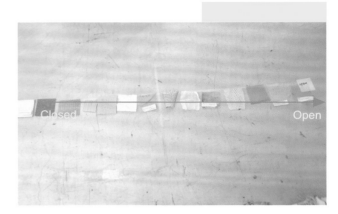

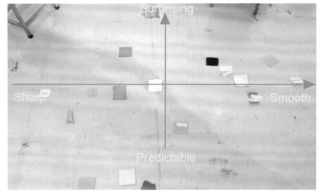

材料分析：材质感知矩阵

材料分析：肌理的意向

研究与发现

小组成员发现了一种材料——蜡，它有着别的材料不具备的属性，即高温后可以熔化塑造成各种形状，常温下又可以凝固保持这种形状。

工艺研究：模具

首先需要寻找一种既能形成有机形状又能便于取下蜡的模具，在进行一系列试验之后，找到了它——注水的气球。

工艺研究：染色

试验了水彩、水粉两种水溶性颜料，但是都失败了，又对丙烯颜料进行试验，最终成功对蜡进行了染色。

节点研究：

用加热的针对蜡进行了缝合，以求线与蜡的联结，但是这种情况下蜡非常容易裂开。他们随后从钢筋混凝土的工艺中得到启发，决定对蜡也"预埋钢筋"——将麻线绳预先绕到注水的气球上，再进行浇蜡，这样线就预埋到了蜡球中；在球与球的联结上，选择了钥匙环这种构件，在每个蜡球预埋线上系上三个钥匙环，作为联结构件。

材料分析：蜡——易于塑形的半透明材料

非建造材料的建造——与荷兰「材料感官」工作室的材料实验

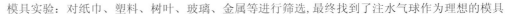

模具实验：对纸巾、塑料、树叶、玻璃、金属等进行筛选，最终找到了注水气球作为理想的模具

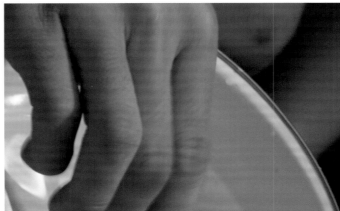

倒模实验：以合适的温度、厚度，用适当的冷却方法，得到具有纯洁与原始美感的、似有生命力的薄质蜡球

染色实验：在适当的温度条件下，丙烯颜料能很好地溶于蜡中

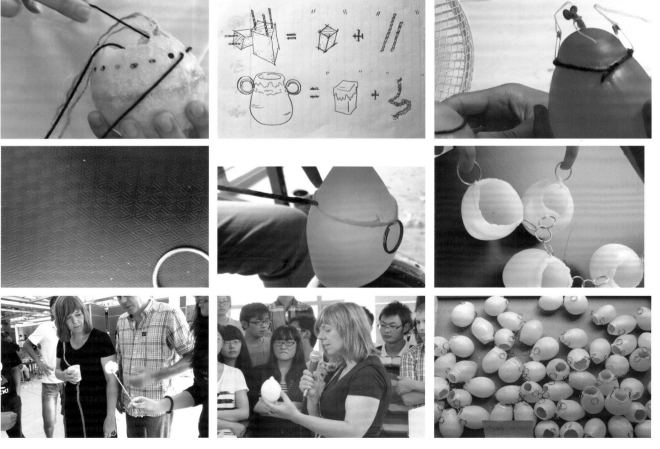

1	2	3
4	5	6
7	8	9

节点研究：

1. 用热针对蜡进行了缝合，发现缺点是易裂

2. 对蜡"预埋钢筋"的草图

3. 用金属别针做蜡的联结，仍有力学问题

4. 同时使用线和金属环，连接更坚固

5. 对蜡预埋麻绳

6. 在每个蜡球预埋线上系上金属环，作为联结构件

7. 教师指导

8. 教师讲解

9. 批量制作

成果

小组成员分工协作，按照灌水球、制作联结构件、浇蜡球和晾干放水几个工序进行分工，流水作业，完成了63个蜡球的制作。最终将蜡球两两结合起来，并用树枝交叉作为支架，树枝的粗犷豪放与蜡球的轻盈细腻形成对比。

实验成果：整体与局部

教师评析

　　小组成员有很强的分析能力，善于开动脑筋，对材料的实验不忘与自己的专业背景相结合，事实上这确实起到了关键性作用。选择了蜡这种可变的具有生命力的材料之后，他们对蜡的塑形、染色、联结做了多次实验，终于达到了预想的效果。这是一个系统工程，每一个流程在短短的时间内被安排得井然有序，成果的亮点也在于对所选材料——蜡的塑形与联结的再创造。在对蜡的材质最终的展示上将LED灯泡置入蜡球，充分展现了蜡半透明的质感。他们还带进了另一种元素——树枝，似乎想让人产生与鸟巢相关的联想，不清楚是否本意如此。外国教师建议大家在展示时也带进一种讲述故事的方式，我对于这场叙事的理解是，在展示最终成果的同时可以场景化地再现研究的过程，控制性地加入一些能更好地把问题说清楚的物件。未必需要带入某些具象的元素，如果带进来，就必须先考察其关联性。在这里，树枝的使用似乎营造了某个不太相关的场景，而对让大家辛苦一周所设计的蜡及其联结结构本身的展示重点则稍有弱化。展示的效果可以更纯粹一些，建议将蜡球联结所产生的整个面悬挂得更高一些，实现从多个角度观察都不易于看见其悬吊的媒介的效果。再或者借助一些手段来满足观众对蜡的联结结构的好奇，比如，在旁边支一个形态简洁、现代的攀爬梯，将其纳入为展示的一部分，观众可以上梯观看蜡球是如何悬挂的，实现对蜡及其联结结构这部分内容的一个无声的强调。小面积悬挂蜡球可以理解为灯具，大面积使用的话则可理解为一种吊顶肌理。

联合教学的成果及其过程（三）

主要作者：陈卓　中方教师：赵军

材料分析

　　小组成员用自己的阐释来描述所选的材料特性，比如，他们以对光和水的透明度来界定材料是否封闭或开敞；用材料上所具有锐角的数量来界定材料是否尖锐或平滑。并提出某个材料是否可以兼具坚硬和柔软两种属性的问题，也是他们在这次材料实验中为自己设定的方向。用物理的或化学的方法可以将柔软的材料变坚硬，也可以把坚硬的材料变柔软。不少同学的做法是把软质的材料改造成为硬质的，而他们想做的是将硬质的材料变身为柔软的材料，比如，将一些小型的硬质材料按照某种规则安排在一起，从而形成柔软的流动感。由此他们选择了"织"这个主题，并选择硬质的小物件——回形针，展开了回形针的编织实验。

材料收集

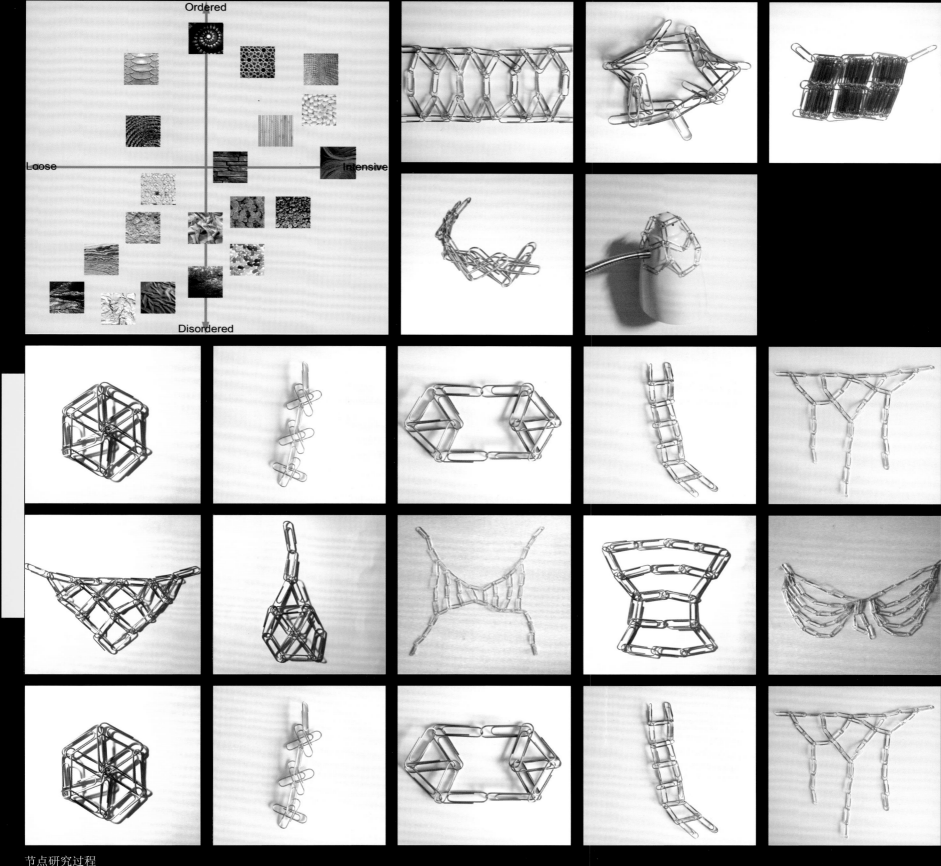

节点研究过程

　　回形针，即曲别针，是用金属丝来回折弯做成的夹纸片的用具。回形针似乎是所有发明中最简单的一种，不过是一小段夹纸的弯曲金属丝，却能在不损伤纸张、不伤害到使用者的前提下固定纸页。组员们在调研中发现，日本有一位科学家宣称可列出回形针的2400种用途，如串起来当链条、做牙签、叉食物、固定花朵……国内有位学者宣称他能列出3万种，如夹头发、做成窗帘、固定纽扣……回形针正符合组员们想要寻找的细小硬质物件的要求。

织，作布帛之总名也。组员们以织的做法运用到回形针的联结上，探索使硬质的回形针呈现出柔美一面的可能。为此，设计出了一套大约20种回形针的编织规则，作为基本"针法"。

成果：锁子甲的引申

　　"何意百炼刚，化为绕指柔。"本着化刚为柔的原则，组员们查找到关于锁子甲的信息。锁子甲是一种在冷兵器时代出现的铠

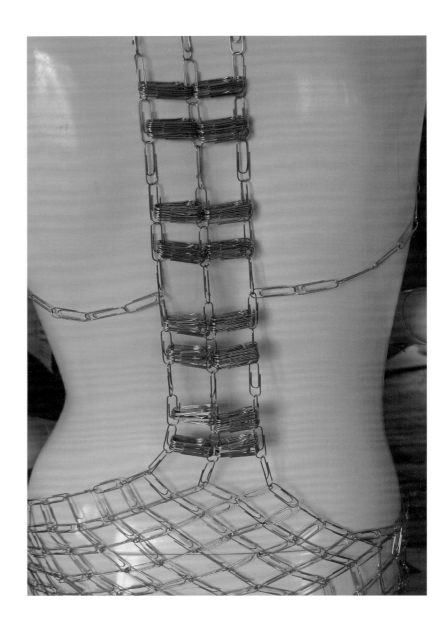

实验成果局部

甲，用细小的铁环相套，形成一件连头套的长衣，罩在贴身衣物外面，可以有效地防护刀剑枪矛等利器的攻击，增强对弓弩的防御，所谓"铠如环锁，射不可入"。南北朝时，锁子甲从欧洲经西域来到中国，唐代极为盛行，并将此甲列为13种甲制之一，明代和清代仍有沿用。组员们借用了坚固的锁子甲的概念，将其引申为以回形针这样坚硬的单体编织而成为礼服裙装，欲以刚强的材料体现出柔美贴合的曲线。

教师评析

　　小组成员用自己的阐释来描述所选的材料特性，调研过程与设计过程前后有很强的连贯性。其亮点是那些富于变化的节点的"织"法，体现出回形针柔软而具有流动性的一面。随后取法古代男性士兵的锁子甲，继续发展回形针的编织，完成现代女装的概念设计。概念推导的步骤清晰完整，最终的展示也较好地反映了材料研究与设计的初衷。"女装"最终的视觉效果相对弱一些，在"女装"上回形针编织的节点中，最精彩的部分在于其背部沿脊椎方向的编结方式，硬朗、节奏感强；整体运用的斜网格形编结也较为美观、流畅；胸部的编结，特别是胸部以下、腰部以上用于联结结构的编结稍显拖沓琐碎，胸部位置是重点，应如背部位置一样，设计出一些独特的节点则更佳；在裙摆处的流苏式编结的具体形态宜再斟酌。在整体的展示空间中继续运用回形针穿插迂回，并以它作为展示说明卡片的"框架"是不错的创意，但效果稍显凌乱。

实验成果：锁子甲的引申

联合教学的成果及其过程（四）

作者：郑天乐、许闻博、谢亚、蒋袆、齐良玉、戴赟

中方教师：朱丹

材料透光性分析

小组成员在材料试验初始阶段，兴趣点着眼于材料的透明性与材料的易碎性。从建筑学的角度来看，透明性始终令人着迷；从材料逻辑上来说，具有较强的强度与韧性的材料更受人推崇，而易碎的材料由于其自身的弱势，常规上很难被选择。他们分析比较了若干兼具透明性和易碎性的材料，更感兴趣于易碎易坏材料所具有的脆弱性，并将这个思路贯彻始终。另外，还较早地引入了光这个媒介，用透明宝特瓶做容器，容纳各种细碎的、具有半透光性的或是有缝隙可透光的材料，实验了它们在光线下展现出来的不同观感，最终他们做了一个非常规的选择——玻璃，并且是碎玻璃。

节点设计

碎玻璃本身是很棘手的材料，这里特地用透光性实验中使用过的宝特瓶来做容器，在宝特瓶上做联结节点，使其两两相连却是可操作的，于是宝特瓶被沿用下来。在每个宝特瓶单体等高的位置上，用半透明

材质研究

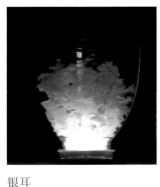

银耳

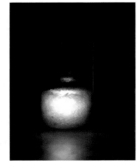

大米

棉花

塑料线

水晶玻璃

树枝

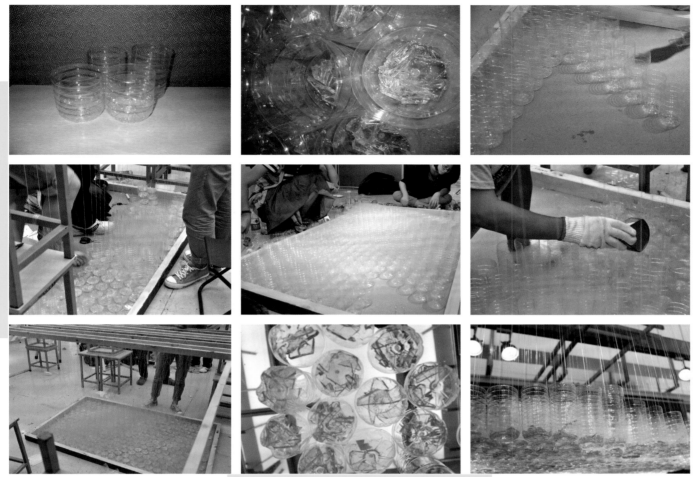

制作过程

的钓鱼线将瓶身两两相连，再在纵横方向上将瓶身全部以这样的方式固定住。在拥挤的场地中，想要排列数量众多的轻质宝特瓶并非易事。组员们因地制宜，找来一个大小较为合适的模板，作为收纳众多瓶身的框架，这样制作节点联结就能更为顺手。至此，排列并联结好的瓶身已经具备审美价值。

成果

组员们的设想是将形成阵列的、盛有碎玻璃的宝特瓶整体悬挂于空中，借助展厅的照明射灯，把碎玻璃对光的多角度折射展现出来，展示面主要是宝特瓶底部组成的平面。如果将整个阵列悬于半空，宝特瓶本身也可以成为被观看的景观，因此，将每个宝特瓶单体剪裁成高度不同的容器，使其整体呈现出流畅的波浪曲线。为了使展示效果更纯粹，悬挂线仍使用半透明的钓鱼线。先用木框架制作好一个悬挂结构，可以将固定在瓶身的每个节点上的钓鱼线延伸出来并绑扎在木框架上。他们事先测量好从展厅顶棚下固定展板的铝合金轨道到垂吊整体瓶身所需的最佳高度，按照这个高度将整体结构悬吊在木框架上，最终再将木框架搭在展板轨道的"梁"上。

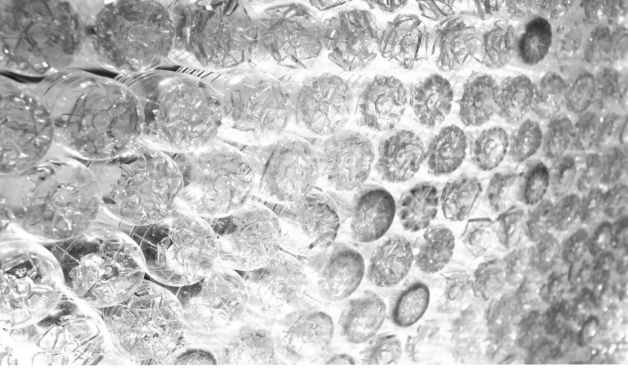

实验成果：整体与局部

教师评析

　　"光"作为组织空间或艺术装置的重要因素一直受到重视。不同的材料、不同的处理方法，都可以干预光源的视觉效果和感染力。在这组设计方案中一直贯穿的线索是"透明"和"脆弱"，最终的成果很好地体现了这两点，同时也具有诗意般的视觉效果。整个装置使用了大量废弃的饮料瓶和玻璃碎片，延展成为具有一定体量的装置，这些废弃物的再利用体现了绿色、环保的理念。玻璃碎片对光源产生的折射效果，随着碎片的数量及形态产生微妙的变化。在细节上，微暖的灯光与锐利的冷色调玻璃产生了对比，看似轻盈的形态与心理上对重量的理性认知也造成了微妙的矛盾感，这种矛盾感易使观众在悬挂的装置下观展时一直保持着某种心理上的张力。

联合教学的成果及其过程（五）

主要作者：张丁　中方教师：戴斐

材料认知

　　小组成员认为当结构足够复杂时，简单的单体能形成规律性丰富的肌理结构。他们选择了一次性纸杯，它具有圆锥体的形态，经堆叠可形成曲面。杯子本身是承重单元，也是肌理元素，作为容器有装水的功能；透明的杯子可以透光，装有有色液体的透明杯可以过滤光。

节点设计

　　组员们试图设计杯子之间的各种连接方式,尝试不同杯体形状、不同适应性的构成形状，有以绳子编结固定、订书钉固定、一次性竹筷插固、夹子夹固等几种形式。从适应杯子的锥体形状入手，以杯子自身为结构发展出几种曲面结构。

成果

　　组员们选择了展厅中最暗的空间，把杯体结构安放在该空间的中心、边角等若干处，试图生成统一而有变化的空间节奏，用多种形式创造一个整体氛围。并借助杯子的容器功能，将有色液体置入透明杯子中，借助点式照明，展示透明杯子的透光性和装有有色液体的透明杯的滤光性。

节点研究

节点研究过程

教师评析

　　一次性纸杯成本低廉，造型有特点。组员们将它们制作成围合的球体、半球体及四分之一球体结构，顺应单体的锥体结构。节点的处理也力求有一些变化，使用不同的材料，不同的颜色，形成不同的肌理。目前的围合形体都是与球体相关，结构稍微简单了一些，最终展示的重点应该是整体的形体结构，而不是不同节点的陈列。同学们重点突出了所选材料透光的特性，建议还可以更充分地利用其轻质的特性，在围合形体的研究上发展更多的可能性，如果除了正向阵列同时还使用反向阵列，或通过铁丝之类的辅助材料作为龙骨隐藏在结构中，或可搭建出体量更大、形体变化更多的空间结构。

实验成果展示

联合教学的成果及其过程（六）

主要作者：朱骁　中方教师：赵军

材料与结构研究

　　小组成员考虑了将材料与结构相结合的可能，提出了材料是否可以掌控结构本身的问题。他们找到了塑料吸管和橡皮筋组合——将皮筋嵌套在吸管里面，用吸管内部皮筋的拉力来固定住整体结构，形成正三角形单体，并扩展为4个正三角形组成的大正三角形、5个正三角形形成的正五边形、6个正三角形形成的正六边形等。

结构设计

　　在考虑单体结合方式的过程中，组员们逐渐搭建出一个类似坐具的结构，外形是一个具有现代感的双层围合结构，并展示了嵌套于其中的皮筋"龙骨"和几种类型的单体结构。如果将塑料吸管替

结构设计过程（一）

节点研究

非建造材料的建造——与荷兰『材料感官』工作室的材料实验

换成钢管，足够支撑起人体的重量，应该是一件不错的工业设计产品。

教师评析

　　小组成员的嵌套设计非常有趣，皮筋既为材料又为龙骨，嵌套在吸管材料中。皮筋本身是柔软的条带状，具有绑扎功能，而他们巧妙地运用拉伸的皮筋所具备的张力，创造出独特的结构。他们勇于推翻原先想法，之前想到选取非常规材料，比如说树叶，再试图将树叶的自然属性与砌体的人工属性相结合，用细麻绳和木盒模具将树叶制成树叶砖块，使其成为可透光的模块。这个想法非常好，但是由于时间有限，他们没能发展出最终视觉效果较为理想的形式，因此，他们将第一个方案保留于纸上，迅速地寻找到了这个"聪明"的替代方案。最终成果的整体造型酷似一个具有设计感的坐具，虽然并不具备坐具的功能，但这却是它的有趣之处。皮筋的运用是整个设计的亮点。这种结构并不一定需要制作出某个具体的造型，可以是抽象的空间陈设，或作为悬挂物，或作为隔断，或作为围合结构，或作为墙体装饰，它的轻质性也使其具有多重可能性。

　　如果选择不同规格的皮筋和吸管，形成的单体也可以有正三角形以外的不规则三角形形态。色彩搭配方面，除了混色以外，也可以尝试一些纯色的组合，比如纯白色、纯黑色或纯红色的结构等。

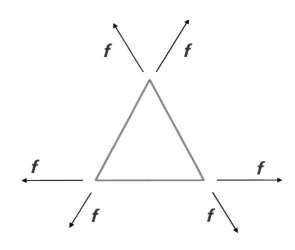

材料与结构分析：皮筋受力示意图

结构设计过程（二）

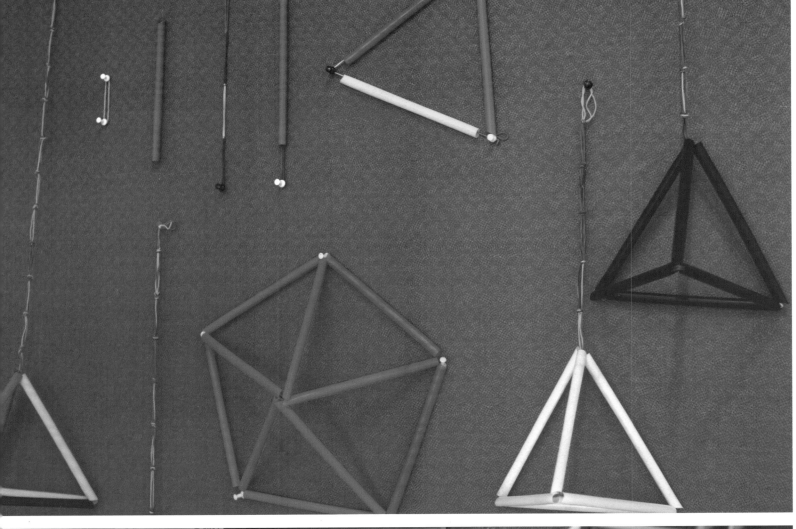

节点展示

实验成果展示

联合教学的成果及其过程（七）

主要作者：郑钰达　中方教师：朱丹、沈颖

材料组合研究

小组成员经过一系列的材料实验，最后选用了塑料袋材料。以一个塑料袋作为一个基本元素，产生三个连接端，把三个这样的基本元素用橡皮筋固定，构成单元一，这种结构单元较为松散，不稳定；由五个或六个基本元素构成的单元二和单元三形态较稳定，可用于构成较复杂的结构。

材料色彩与结构

为了使目前的单元结构更加丰富，组员们选择了为其添加色彩的方法，方法一是加入带有颜色的塑料袋，方法二是加入一些乒乓球，方法三是加入带有颜色的气球。最初他们打算利用单元中有颜色的元素来形成超越六角形本身形状的图形肌理，从而既可以看到结构单元本身的六角形，又能看到有色元素形成的三角形和圆形。经过这些试验，他们发现有颜色的图案吸引了太多的注意力，而他们更加希望展示的结构本身却十分容易被忽略。因此，他们选择了放弃使用颜色，相信纯净的元素能更好地体现整体结构。

基本单元的研究

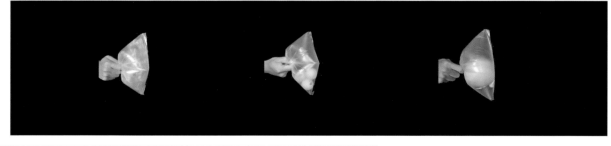

添加色彩的尝试

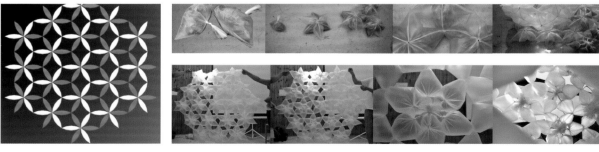

复杂结构的建造

研究与发现

组员们发现，用塑料袋单元组合成更为复杂的结构，除了使用塑料袋材料本身以外，实际上还把空气纳入建造的材料、对象与内容。每一个塑料袋单元都少不了先要为它充气与绑扎这个步骤，然后再将其组成五角单元或六角单元，又将这些单元组合成类似于穹隆的结构，最终形成了球体和面状两种充气结构。在这个实验中，塑料袋变身为一种简易的膜结构，这是对塑料袋材料的建造，同时也是对空气材料的建造。

教师评析

组员们之前对不同材料的单体联结结构做了多种尝试，有宝特瓶瓶身的穿插、瓶盖的组合、折纸的插接以及铁丝与面料的组合等，他们将这些可能都浅尝一遍之后，仍没能找到出其不意的建造方式，结构单元实验的视觉效果较为平庸。而此时有些组已经确定使用了他们曾经实验的材料，单元实验也相对成熟一些，因此，他们必须重新开始。对于这种短期的联合教学，学生的思路若总是更换方向是比较麻烦的，庆幸的是他们最终找到了一个具有轻盈属性却又很不起眼的材料——塑料袋，并发掘了它可能具备的美学价值。我们的目的也是引导同学们在这个过程中发掘材料的潜能，特别是发现那些易被忽略却有潜在价值的材料，发现材料新的运用方式。

塑料袋充气结构的单元与单元的延展处理得较为理想，本来想为结构增添色彩以产生更多的变化，由于色彩形式弱化了原有结构的视觉效果，组员们有取舍地将色彩纯化。像这种微单元按照一定的逻辑秩序延展和生成的思路，如果利用数字技术及三维打印等新兴技术手段，就是当下最为活跃的参数化设计。这个作品所呈现出的纯净、淡然的气质，显然比以繁复取胜的参数设计要"禅意"得多。

充气结构最终的形式稍显简单淡薄，可以考虑更多的形体组合方式，比如将面状结构堆叠若干层形成柱状结构，使其更具有实体感，从而体现出空气的质量；或制作出更大的延展面积，做成更有气势的悬挂顶棚；或使用薄膜厚度更厚的塑料袋，使其更具韧性，能构成更大的穹隆结构或球体结构。

结构设计过程：充气单元的延展

全国高等学校建筑美术教程·名校名师系列

东南大学 ╱ 视觉设计联合教学

实验成果展示

联合教学的成果及其过程（八）

主要作者：丁宇飞　中方教师：张蕾、沈颖

材料研究

知觉分析：

小组成员收集了塑料类、纸质类、金属类、织物类、木材类、橡胶类等多种材料，并根据材料在视觉、听觉、触觉三方面的特点进行归类排列，探索材料特性和用途。

视觉	开敞——封闭
	精致——粗糙
	细密——疏松
听觉	尖锐——柔和
	意外的——已知的
触觉	柔软——坚硬
	粗糙——光滑
	轻——重

肌理分析：

组员们收集了从密集到疏松，从光滑到粗糙，从自然到人工的各类材料肌理的图片。对材料的不同处理将带来不同的肌理，而自然的肌理也可被模仿，并应用于建造。

节点分析：

组员们收集了从复杂到简单，从固定到可动，从有连接件到无连接件的各类节点图片，探索了各种节点的优劣势及适用范围，试图寻找能够发展改造的节点。

结构分析：

组员们还收集了从复杂到简单，从牢固到松散，从有序到无序的各类结构的图片。材料与结构之间的不同搭配方式可以形成不同特色的形式，大量的图片素材收集对寻找到结构与形式的统一有所帮助。

单体生成

组员们试图使所选的材料在最终的结构中所呈现出来的属性发

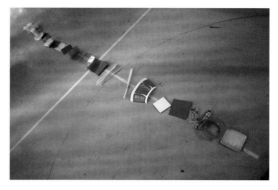
以触觉为重点的材料分析，从柔软到坚硬

肌理分析，从粗糙到光滑

在复杂与可动的系统中分析节点

在简单与有序的系统中做结构分析

生变化，因此他们选择了纸张。先将纸张按同一种规则折叠，形成折纸单体，每两个单体间都遵循两种插接方式，因此将两种插接方式按一定规律组合起来，在一定数量的堆积下产生序列，从而可以产生多变的形式，以及开敞或者封闭的空间。

更稳定的受力结构；还可以对材料的选择进行探索，找出更加轻质又坚固的材料，或加入必要的龙骨设计，组成体积更大的结构。

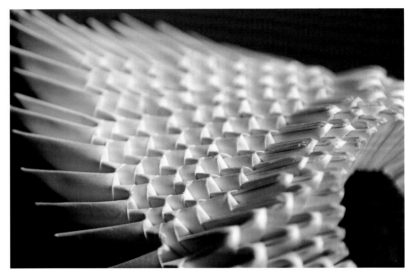

成果：叠·变

在固定的插接关系下，不断地重复形成具有形式感的组合。每个构件既是结构构件，又是形式的产生单元，还是空间的围护部分。在初期制作小样时，组员们采用了普通A4打印纸，材料轻巧且有一定的硬度，制作出的小样形式感强，并且坚固。他们进行成品制作时，由于该材料制作的单元自重明显变大，在组成一个庞大的整体之后，就出现了站不稳及局部脱落的情况，使得最终成果底部出现变形，影响美观。

对于以上问题，他们采取了一定的改进措施，改用织物与卡纸组合，加强单体的硬度，同时色卡也为结构带来色彩的变化。对于底部受力不均匀出现的变形，他们采用钢尺进行了加固，将底部撑圆。而随之又出现底部局部脱落的问题，为此他们在模型底部又插入了由50个单元形成的圈体来进行加固。除了对模型本身进行加固以外，还尝试了多种模型放置方式，使其更加稳定地站立，最终完成了纸张的"叠·变"。

结构设计过程：小模型局部

教师评析

在日常生活中，同学们对材料（肌理、节点或结构）的认识比较感性，往往停留在物体的表面而难以深入。本次课程的学习，使大家通过理性的分析方法，尽可能地摆脱定性分析所带来的不确定性和主观性。在之后的学习研究中，也可以运用这种分析方式，把感性分析尽量理性化，深入剖析并挖掘对象的特质，使大家对事物的认识更加透彻，这是同学们在整个任务过程中感受到的最大收获。

小组成员对材料属性做了较为充分的分析，在实验中使软质的纸张变身为硬质的结构体，在模型制作中解决了一个又一个问题。他们令模型在现有尺寸下，体现出了纸张的力量。当然，当他们继续对其进行延伸或者扩大以至搭建可以容纳人活动的空间时，会面临稳定性、可操作性、经济性等更多的问题。由于穿插后形成的形态具有不确定性，建议可以对模型的最终状态进行更多探索，找出

结构设计过程：大模型的插件单体制作

实验成果整体与局部

主要作者：纪希颖　　中方教师：曾琼、沈颖

材料研究

　　小组成员经过对材料属性的矩阵分析，了解了很多新鲜的节点和肌理。他们确定了两个发展方向，一个来源于日常生活，如何让柔软的布变得坚硬；还有一个是关于光的，尝试用不同的方法表现光的折射、反射、传播。

　　分别对两个方向进行了一些实验，用了502胶和白乳胶使布定型、变硬。502胶定型快，但是气味刺鼻，消耗大，成本高且不环保；白乳胶定型耗时久，但质感较好，也比较环保。考虑到耗时的原因，"变硬的布"方案被放弃了。对于光的实验，一种想法是用注水的吸管形成类似光导纤维的效果，制作了小样，由于吸管太细的原因，水无法落到底部，光线也没有传播到顶端。另一种想法是用穿起来的塑料片实现光的会聚，这被选定为发展的方向。

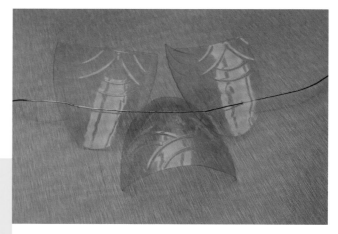

节点设计

　　塑料瓶在生活中非常常见，具有很好的透光性，在一般情况下都没有得到很好的再利用，于是选定了这种材料准备进行开发。起初他们想到利用伞的骨架，与塑料片结合，形成伞形悬挂物。经过启发，他们意识到伞的形态的局限性，便开始从塑料片的形状和特性出发，研究新的节点和肌理。他们对瓶装水的瓶身进行解构，使用上半截瓶身，保留了整个上半截和下部的第一圈，下部的第一圈用于两片之间的连接，而上半截则具有完美的弧度和瓶身既有的花纹。当把两片连接起来的时候，形成了一种长卵形，这与中国传统草席的纹路相似。

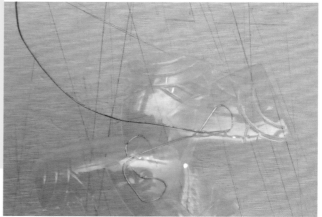

成果：经纬编结

　　按照这样的联结方式，他们得到了类似于草席的纹理，通过控制钢丝的松紧，塑料片相互挤压，因而能够在纵轴方向保持稳定。经由钢丝线，整个编结结构在纵向上延伸，逐渐形成一种螺旋结

节点设计：利用了瓶子原有的弧度，通过铅丝的拉紧产生了挤压变形，使其更稳定

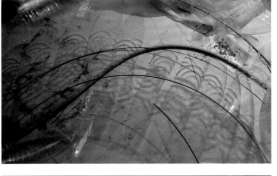

材料研究：塑料瓶的解构

材料特色：瓶身上的纹样产生类似云纹的光影

材料组合：塑料片的编结

构。源自矿泉水瓶的塑料薄片两两在经线方向稍有重叠，用于骨架的固定，在纬线方向两两错位间隔，组合产生了有序的肌理。

当观者从远处观看时，会注意到在黑色背景衬托下显得晶莹剔透的条形发光体，在逐渐靠近的过程中会发现这个发光体是螺旋形的，当停留在它的面前时，就会进一步发现发光体上面的细部纹样，以及墙上的祥云状投影。当发光体旋转起来的时候，墙上跃动的光影可以形成一种梦幻般的氛围。希望这启发我们去发现更多简单、易得的材料，经智慧改造和利用，使其拥有更美丽的光彩。

教师评析

小组成员初步提出了若干个富有新意的点子，他们通过实验论证

了各自的难易程度与实际操作中的可行性，最终做出明智的选择。

在穿塑料片的结构实验中，他们选择了由两个上半截瓶身截片组合而成的羽翼状形式作为单体形态，并找到了具有美感的穿插秩序。他们的工作量也可谓不小，分别有收瓶子、割瓶子、剪塑料片、钻孔、穿孔等几道工序，在短短的几天内完成制作和展示，实属不易，最终的展示效果较为轻盈美观。

创作背后的环保意识也值得提倡，矿泉水是有保质期的，而塑料瓶则不会过期，他们截取的瓶身都刻意选择了印有保质日期的部分，用来强化这个观念。水被喝完后，剩下的瓶子可以有获得新生的机会，有焕发自身美感的可能。

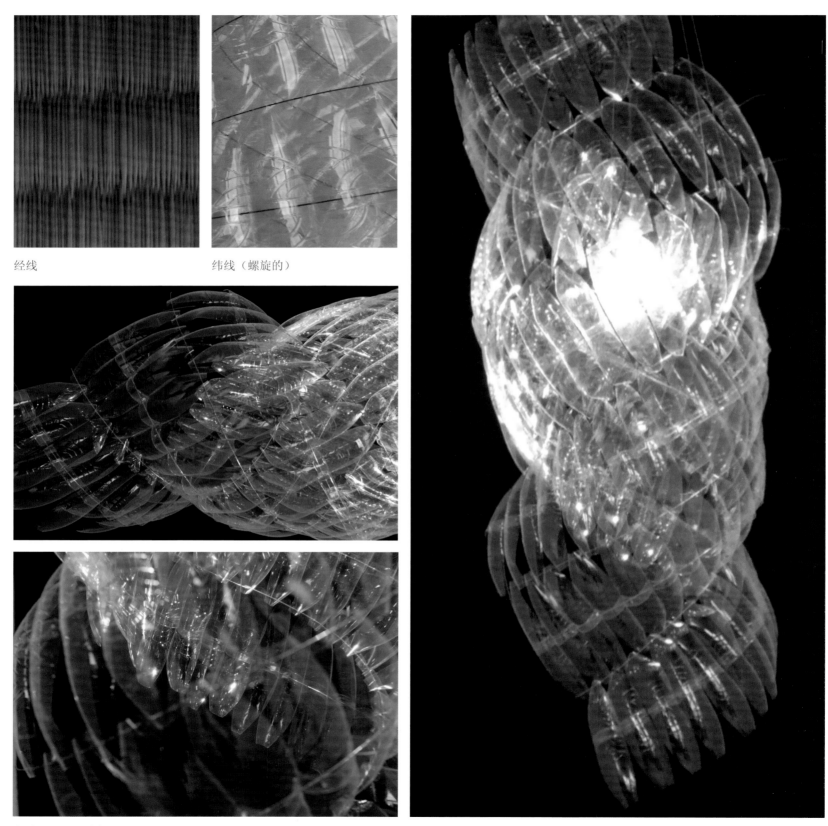

经线　　　　　　　　纬线（螺旋的）

实验成果：整体与局部

全国高等学校建筑美术教程·名校名师系列

东南大学／视觉设计联合教学

联合教学的成果及其过程（十）

主要作者：包宇喆　中方教师：赵军

材料选择与单体设计

　　小组成员试验过废旧瓶盖、瓶底、纽扣等材料，以及它们的节点，最终选择了一次性纸碗材料，用订书钉和钓鱼线作联结与悬吊材料。这种纸碗具有半透光性，可以产生有趣的光效；材质较软，便于加工；碗的造型简洁，可以形成多种组合形式。组员们对不同数量、不同大小的纸碗采用不同的组合方式，同时利用纸半透光的特性，在里面放置不同颜色的LED彩灯，最终有了形态各异、五彩斑斓的纸碗灯笼。

结构设计

　　组员们采用"悬挂"和"漂浮"的方式，把纸碗灯笼串联起来形成一个有机的整体。在全暗的环境中，灯笼的效果更理想，因此组员们用木框架定制了一个立方体框架，将纸碗灯笼串联悬挂在这个立方体空间内，营造"漂浮"的效果。对于立方体空间的建造，尝试用废旧的KT板为立方体框架做了表皮，一开始内部颜色是白色，效果不佳，后又在内部蒙上一层黑色塑料纸，光效更理想。

教师评析

　　该作品的组合设计较简单，借助光效是其亮点。这组与别组的区别，除了展示物需要设计之外，还需设计出展示的空间本身。立方体展示空间的内部体现出了灯光的魅力，外部的废旧KT板视觉效果不理想，可以考虑用其他材质替代，比如把黑色面料用钉枪齐整地固定等。观者进入空间观看，就必然对入口有所考虑。鉴于时间有限，也可以考虑替代的办法，比如未必进入空间观看，而是在立方体空间的外立面上剪裁好若干大小恰当的观看孔洞，这种"窥探"的方式也可以给观者带来奇特的感受。

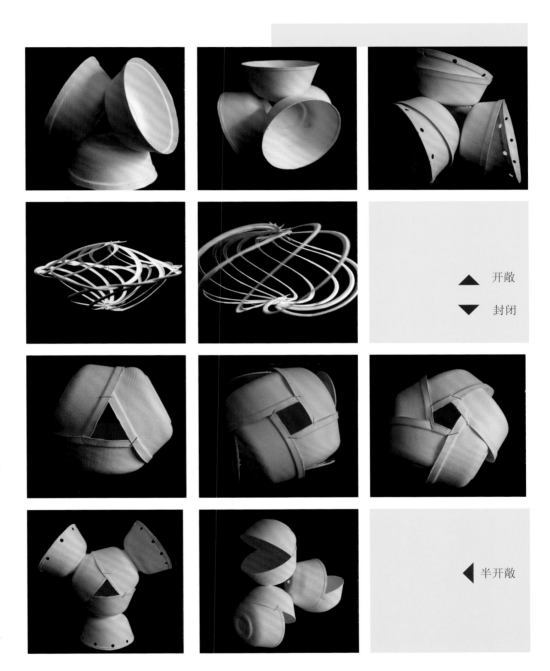

▲ 开敞

▼ 封闭

◀ 半开敞

非建造材料的建造——与荷兰『材料感官』工作室的材料实验

实验成果

联合教学的成果及其过程（十一）

主要作者：于桐　中方教师：朱丹

材料与节点

　　弹性材料的可塑性是小组成员关注的重点。从材料研究中选取了丝袜这种极具弹性的织物材料，并尝试结合丝袜的形态结构以及将其拉伸后重塑的形态做各种结构组合；在节点设计上运用了金属扣环，被拉伸的丝袜得以互相穿插、并置、叠合，由此设计出了十几种结构方式不同的节点。

成果：《女人》

　　这组展示作品被称为《女人》，源自其选用的材料，以及其所营造出的具有女性化特征的空间结构。半透明的材质具有柔美的特性，而丝袜实体被强力拉伸后体现出硬朗明快的形态特征，并在展示空间的围合展板上显示出锐利的光影。

教师评析

　　这是性别特征最为明确的一组，组员们充分利用了丝袜的织物拉伸性能，以此来营造有层次的空间效果。丝袜的原型经拉伸，以及通过节点产生方向性上的变化，形成了一个纵横交错的网状空间。丝袜本身的形式决定了经拉伸后的材料产生了明确的点（金属环扣节点）、线（分叉的腿部结构）和面（臀部结构）的构成关系。

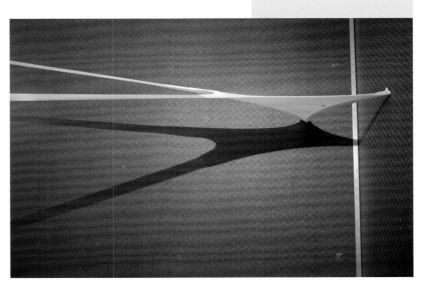

材料光影测试

节点设计

实验成果：局部与整体

联合教学的成果及其过程（十二）

主要作者：陈乐　　中方教师：赵军

材料与节点

　　小组成员选择运用具有一定硬度的纸牌作为主材。先后实验了用回形针、订书机、纸牌局部开插口相互穿插等方式产生节点，两两联结，并组合成更完整的围合结构，但体量较小。

结构设计

　　经多次实验，最终选定了右图最下方的两种联结单元，开张处是整个结构的对外开张的空间形态，其中一种呈较尖锐的三角体量，另一种呈较圆滑的多边形体量。这样可以延续生成更大体量的球形围合结构。

教师评析

　　每一种材料都没有绝对单一的性质。复杂节点下可能是有序而简洁的材料肌理，简单的节点也可以生成复杂的肌理。小组成员先后用两种大小、厚薄规格不同的纸牌做实验，大的纸牌单元显然更厚，那是由于它的尺寸更大，较小规格纸牌的刚性则弱很多。最终，他们将这些不同的尝试都展示出来，作为对这一过程的记录。

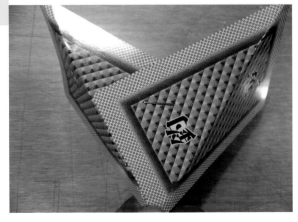

节点研究

非建造材料的建造——与荷兰『材料感官』工作室的材料实验

从节点到单体

实验成果

联合教学的成果及其过程（十三）

作者：吴雨桐、彭婷婷、杨小剑、杨元直

中方教师：胡碧琳

材料与节点

小组成员对编织与打结有浓厚的兴趣，收集了各种结的打法，选定了粗麻绳作为设计的材料，而它的结节则是节点设计的内容。

结构设计：编结空间

较粗的麻绳本身经设计较均匀地被打成结，没有打结的绳体与节点之间具有一定的刚度，可以塑造出具有一定形态的中空结构。利用具有弧形表面的物体，例如雨伞，来作为编结麻绳的形态模具，以形成具有弧形的网状结构，并继续发展成近似于半球形。最终将几个这样的编结体汇集在一起，进行形体编结，生成多点凸起的形态。

教师评析

粗糙的麻绳经过精致的编结与设计，可以形成各种具有设计感的空间形体结构。在工业设计中不乏运用麻绳的编结产生的优秀灯具设计和坐具设计，更有日本艺术家堀内纪子的大型互动式编织艺术，运用纤维编结设计大型的弹性空间结构；融合了建筑、装置艺术和游戏，可供人游戏于其中。

同学们选择了这个很有趣的材料，在短暂的时间里对它进行了一定的发掘。虽然这次做的很有限，但可以提出更有胆量的提案，在将来的专业设计中继续发展。

两股线的编结

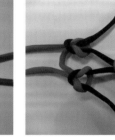
四股线产生五个节点

可站立的编结

有更多节点的编结

Unit

Whole

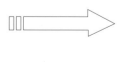

combine few units

multi-shape object

节点研究过程思路

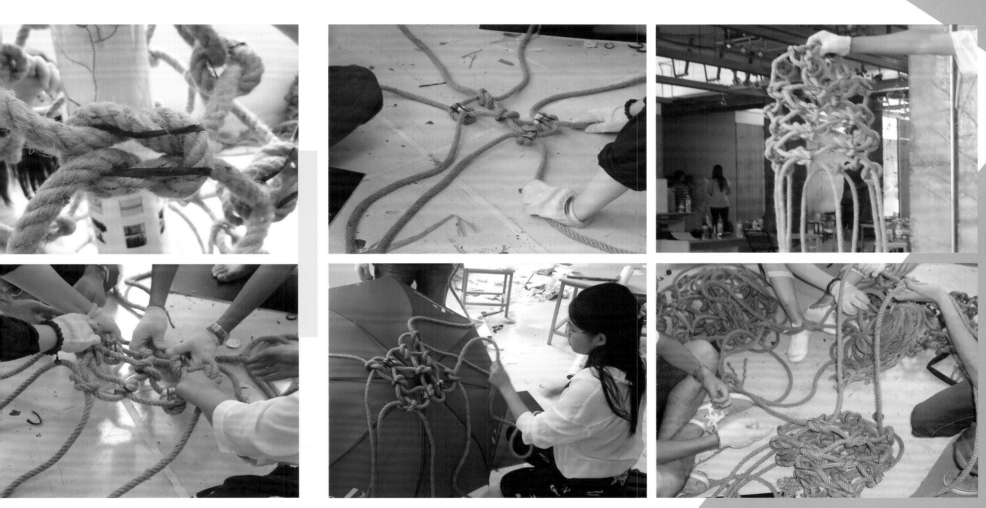

结构设计过程：编结

成品展示

外籍教师观点

外籍教师简介

　　西蒙娜·德·瓦尔特（Simone de Waart）女士任教于荷兰埃因霍芬理工大学和荷兰埃因霍芬设计学院，并在埃因霍芬设计学院专设材料研究实验工作室。她擅长于材料的研究和设计，同时是材料研发机构——"材料感官"的创办人和创意总监、荷兰设计周（DDW）的创办人之一、埃因霍芬设计平台的创办人兼主席。帕特里克·维塞尔（Patrick Vissers）先生任教于荷兰圣卢卡斯艺术学院，擅长空间与材料设计，同时也是"材料感官"的创办人之一。

观点

　　这次教学实验是根据瓦尔特女士和维塞尔先生在教育领域多年的材料设计研究教学的实践，为东南大学建筑学院学生们安排的对非建造材料的材料实验。一方面，非建造材料的建造方式遵循着另一些规则，不需要受到传统建造材料与建造方式的束缚；另一方面，它们的建造方式可以为传统材料的建造带来很多启发，在一些优秀的建筑设计作品中也不乏使用非建造材料进行建造的实例。在坚硬材料的外表上可以呈现出一些温柔的东西，柔软的质地也可以生成坚毅的属性，正是这些设计师、建筑师的探索催生了富有创造性的材料应用和形式组合。这次，学生们使用竹夹、塑料吸管、纸杯等普通材料设计出了优雅的装置，这些作品不仅具有视觉美感，还具有趣味性，同时具有可持续性，体现出学生们富有创造性的思考能力。

光影重塑空间

——与法国巴黎国立高等美术学院的交互媒体实验

课题设计

学生作品与评析

外籍教师观点

课题设计

东南大学建筑学院环境设计系的部分教师与三年级的60多名学生，联合艺术学院动画专业的30多名师生，开展了一场为期两周的中法联合教学。邀请到了任教于法国巴黎国立高等美术学院（école nationale supérieure des Beaux-arts de Paris，以下简称"巴黎美院"）的法籍教授纪尧姆·巴黎（Guillaume Paris）先生和拉斐尔·艾斯兰特（Rapheal Isdant）先生来对此次联合教学进行指导，确定以"光影重塑空间"作为主题。

联合教学的目的

这次实验性教学旨在使学生基于对视频投影创作交互媒体艺术的研习，提升对空间结构的视觉感染力方面的设计能力。视频映象定位术已成为一项成熟的技术，获得了世界各地不同领域的创作者的大量关注。从建筑师的角度来说，它是一个为静态的墙体赋予生命、用光动画影像操控空间知觉的极好方法。同时，数字影像艺术家将空间视为一种表达的新领域和一种深入扩展屏幕显示的新方式，正如在20世纪70年代早期对电影领域的拓展实验一样。

新媒体作为新的元素与材料，用终端设备输出，通过屏幕投影等方式使图像成为空间的组成元素，以影像空间加强建筑环境的氛围和感受。交互媒体的这一空间性特质，可以打破建筑环境限制，创造出新的空间关系与新的体验，激发学生的想象力和创造力。多媒体技术作为建筑元素参与建筑空间表现，并引入公共的参与，成为一种建筑的新元素和材料。

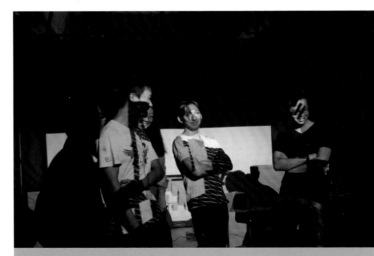

拉斐尔·艾斯兰特老师和同学们

联合教学的内容与方法

计算机资源的增长，逐步发展了更广泛的多媒体进入平面设计、动画、电影、戏剧、音乐和建筑等领域的可能性。这次实验教学的第一部分内容是对媒体艺术的历史做一概述式的介绍，并展示了数字艺术家和研究者如何自20世纪50年代开始相互合作，把计算机变成今天众所周知的创造性工具。因此，交互艺术形式和如同电子游戏这样的非线性叙事，越来越贴近每个人的生活，把生活带入具有创造性的当代氛围。在第二部分，将对一系列为实验教学特定选取的具体的交互媒体建筑艺术作品进行探讨。第三部分，是由同学们设计并实现自己的交互媒体实验作品。

对学生而言，将计算机作为创造性工具的使用已经驾轻就熟了，但是很多软件都只是作为单一的媒体，比如照片编辑、影像剪辑等。运用实时交互技术，结合包括三维动画、视频、音频等不同的媒介设计一个较为复杂的视频定位作品，需要一些特殊的编程工具。因此，我们选择了Pure Data这个对于交互媒体艺术家而言知名的视觉编程环境，近年来在巴黎美院的交互媒体课程中也被广泛使用。目的是让学生在展厅环境内实时编辑动态设计，在研究和实验中实时调整。这个过程是这次实验教学中的重要环节，由于对空间形态的设计和影像支持需要同时考虑到视觉形式、交互逻辑等多项内容，我们将学生们分成空间设计、媒体设计和程序设计三种不同的工作组。由于Pure Data仍然需要大量的练习才能被掌握，为了使学生对这个可视化编程软件的学习更为顺利，艾斯兰特先生设计了一个叫作Meandre的上层工具包，通过它创建了很多视频操作函数，来简化学生的创作过程。

将90名学生分为10个小组，每组9人，每个小组的成员按比例组成，按3：3：3分配到每个主题工作组中，使每个组都能具有多种技能。

作业与练习要求

老师们通过讲座形式使学生们了解新媒体艺术、声音艺术的最新案例，开启学生的思路，并分组讨论、动手制作，将影像艺术与建筑美学结合，进一步将交互媒体艺术运用到空间环境的创作中。要求学生们在两周内完成一个整体的展示，各自的设计做到概念明晰。展厅划分为10块，需要学生们对展厅中的不能变动的因素采取有效的对策。

对于展示的设想，可以是活力建筑、连续空间、集体造句游戏、生动的墙面壁画、迷宫……

三个工作组分别负责的具体内容是：

（1）空间设计：空间设计概念的生成，发展交互媒体艺术的概念设计部分，并进行模型的设计与制作；

（2）媒体设计：图像视频的采集与编辑，和声音采样与合成的设计；

（3）互动设计：学习相关的程序与编程逻辑，承担实时空间程序编制工作和促成空间设计组构思的影像互动方案的实现。

学生首先各自独立思考，设计概念，并进行纸面上的工作，如绘制草图并加以描述说明。 这些都是基于他们所在小组的具体设计构思而决定和分配的。

10个小组形成10个交互媒体空间艺术方案，将被同时展览并组成一个整体的演示。为确保在空间设计与模型制作、图像视频采集与编辑、影像互动技术这三个方面的工作能并行不悖，三个工作组的工作从一开始同时进行，并实时地相互协调，其他两个工作组也共同参与空间设计概念的设想、调整和制定。让每位学生在各主题工作组中深化专长，最终实现团队多学科的协作。

光影重塑空间——与法国巴黎国立高等美术学院的交互媒体实验

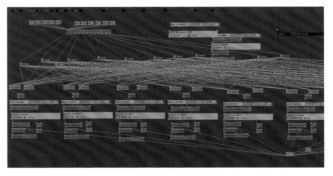

编程界面

这次联合教学与以往的实验教学相比，技术上的可行性更突显出来，对于从来没有接触过交互媒体的学生而言，具有很大的挑战性，交互技术及其程序编写成为解决问题的难点和重点。Pure Data是一个可视化编程环境，具有强大的多媒体互动能力，专业的交互媒体使艺术家想要做出较为复杂的交互媒体作品，有时甚至需要几个月的时间来完成。在短短的两周内，学生不可能掌握高难度的编程技能，做出复杂的交互媒体作品，因此，我们需要做的是让同学们认识这一种工具能实现什么，它基本的编程逻辑是怎么样的。法国老师提供了一个简化这一过程的工具包，其他技术支持也是根据学生们完成项目的需要而进行的。学生们也体现出了相当的主动性，他们逐渐开始了自己对这个编程环境的探索。

实时视频采集

有趣的是，在建筑领域有运用互动技术来实现的互动建筑。在交互媒体艺术领域，有运用传感器和其他硬件设备，按照设定的工作原理和逻辑设计程序，与人的行为产生交互的作品。如根据人所处距离的远近产生起伏变化的墙体等。这次实验教学更像是一次对同学们数字化媒体的启蒙。

联合教学的成果及其过程（一）

主要作者：车雨阳　中方教师：沈颖、朱丹

习作：《生长城市》

小组成员先后设想了好几种方案，比如：人在空间中行走，装

图形识别的交互

置中的投影会根据人的行为进行加速或减速变化，使人感受另一种时间体验；第二个想法是七步诗——每走一步变换一个场景，抽取日常较有特殊意义的场景，具有一定的故事性，在日常工作过程中给人启示；还有一个想法是，观众可以通过挪动控制一些立方体模型或者增减立方体数量，改变屏幕上投影的建筑形态；或者一个想法是体现建筑随时间的变化从无到有、从生长到泯灭的过程，借此反映时代变迁。

最终，将几种想法整合，形成了一个思路：由人的动作来触发屏幕上虚拟的建筑体块的生长和逆生长，同时在实体模型上也由一台投影机实时地变化投射在上面的视频图像。这些视频是同学们分别选取了在《那山那人那狗》《鸟瞰德国》《人造风景》《铁西区》《游戏时间》等影片中的一些视频片段，作为乡村、手工工业化、工业时代、现代都市的代表，对城市和现代生活进行反思。

教师评析

我们在沟通中发现学生们的想法太宏大，视觉化方案效果未必理想，我们尽量地让他们简化方案，让互动性简单明了。与人行为的互动需要用摄像头捕捉人的动作，通过数字分析发送信号给程序，实现这一互动。人的肢体动作引发互动具有一定的难度，因此简化为识别立方体块上的图形，图形被挪动，就能触发虚拟建筑的生长或逆生长。最终，随着虚拟建筑体块的起与落，产生了透视上的角度变化。

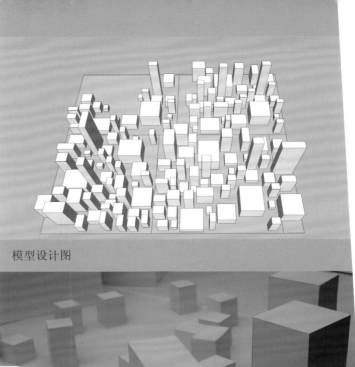

模型设计图

实体模型

投射调试

光影重塑空间——与法国巴黎国立高等美术学院的交互媒体实验

实验成果：《生长城市》互动现场

实验成果：《生长城市》展出现场

联合教学的成果及其过程（二）

主要作者：周霈　中方教师：沈颖、朱丹

习作：《时间累积》

概念：通过光点的累积演绎时间的痕迹。

设备：可编程的计算机，投影仪（投影仪即光源，光斑变小移动是跟人实时互动的，通过编程软件实现）。

骨架材料：铁丝。

屏幕材料：压实的三层亚光膜。

固定材料：鱼线。

其他材料：KT板、电线、电阻板（压力传感器）。

结构：相对的两处环形幕布，观众可以从一侧进入场地，从另一侧走出场地。

效果：没有观众进入时，屏幕上没有光点。

当有人进入时，在入口踩踏压力传感器，发出信号，屏幕上出现一个白色光斑，停留一段时间后光斑渐渐变小，最后成为一个小亮点，缓缓移动并飘移到屏幕上部。多人进入时，出现多个光斑，变化效果同上。最后屏幕上仅剩浮于上部的亮点，数目与进入人数相同。

教师评析

学生们自然而然地想将时间的概念在空间中表现出来。经多次讨论，决定用亮点的累积来记录时间。观众进入这个场所，就可以点亮属于自己的那个光斑，随着在场所中的停留，可以看见它逐渐变小并飘移到幕布的上缘，同时可以观看到由其他观众进入场所所点亮的光斑，过程充满诗意。在整个设计与尝试的过程中，学生们学会了取舍，利用有限的技术尽可能表现设计构思，并作出必要的简化。这不仅可以发展学生的视觉形式设计创作能力，还锻炼了他们综合解决问题的能力。

环状投影结构搭建

踩踏传感器测试

多观众在场的效果

实验成果：《时间累积》互动空间

联合教学的成果及其过程（三）

主要作者：孙世浩　　中方教师：朱丹、沈颖

习作：《水》

　　该设计是从平面的光影与实体的构筑物相结合的角度出发，考虑纯粹的光影平面化如何与实体相结合。单纯的构筑物本身具有时间与空间的意义，单纯的光影能够赋予单纯构筑物所不能表达的立体与新的时间意义，当视觉幻想融入二者的同时，介质与光影的表达不再是单一的影像化，而是能够进一步表达空间上的意义。随着立方体上水的上涨浮动，我们能看到介质表达出的时间意义，箱子的不同位置也表达出新的空间意义。电影的放映能够让人觉得时间在流动，而介质与光影相结合能够带来更多感受与联想。

教师评析

　　这是一个与声音交互的多媒体作品，组员们所选的对象"水"会随着外界声响比如掌声或人声的变化而改变。当环境安静时，投射在立方体上的水的影像平静地处于立方体的最底端。当环境中有声响并变强时，水的影像开始波动，水位随声音的增强而提高，随声音的减弱而下降并恢复平静，强调了观者的参与感。他们用瓦楞纸制成立方体，刷白后成为很好的投影介质。他们本想把实体部分设计得更充分，如加入半透明和透明的材质，空间的组合上也更丰富些，而这样的材质运用会将光线渗透到背景上，水的影像会出现在背景幕上。不过最终选用了不透明的材质，使得交互装置本身的独立效果更明显。

互动影像的测试

实验成果：互动装置《水》

联合教学的成果及其过程（四）

作者：李鸿渐、姚升、陈翰文　　中方教师：朱丹、沈颖

习作：《旅行》

　　本项目以时间、空间和影像为主题。为了在一个二维墙面上做出有光影变化的空间，小组成员们做出了七个缺角的立方体，将其固定于墙面上，形成有不同朝向的面，并且适当摆放以创造出视觉中心。再把中外不同的经典建筑的图像投影到这些面上，并且在合适的地方掏出适当大小的孔洞以适合投影，营造出立体感的同时用一条由铁丝弯制而成的轨道穿过这些洞。小球会沿着轨道下行并且穿梭在一个个盒子中，观察者的体验就像在进行一次时空旅行，从不同角度的建筑中穿过，并最终隐匿在建筑当中。

教师评析

　　由于技术上的难度，概念设计部分会直接受其影响，出现要么是想法过多，要么是不太敢想的情况。这组学生起初想要还原一个家庭的场景，我们认为实现的最终效果可能会较为平庸。他们的思路卡在试图复原家庭场景这个想法上，没有进展；后来与互动组研究程序的同学商讨后决定换一种想法。空间设计等组的学生在与互动设计组学生对接时也相应地对方案进行了调整。回过头来，他们决定不涉及互动的部分，单纯用地图术（mapping）投影的展示来演绎一次时空的旅行。几个经不规则切割的大小不一的立方体在投影背景的平面上形成一种构成关系，上面投射了所选的几个经典建筑的黑白图像，与动态的城市影像背景形成鲜明的对比。

实验过程：《旅行》互动影像测试

实验成果：《旅行》互动的浮雕

外籍教师观点

外籍教师简介

　　纪尧姆·巴黎（Guillaume Paris）先生是法国重要的当代艺术家，也是法国当代艺术时下所谓的法式触动（French Touch）趋势的代表艺术家之一，早年曾在纽约就读库柏联盟学院艺术与科学系，而后获选法国艺术创造最高阶的巴黎高等艺术研究院担任研究工作，现任教于巴黎美院。其创作的媒介与探讨的议题常常是多元且跨领域的，既运用新媒体数字媒介。亦批判大众传媒时代媒体介面，其作品观念核心旨在作为人生活模式的一种今日表征，而展示的逻辑常是其切入上述课题的关键，也是我们今日在讨论当代艺术境况的重要案例。

　　拉斐尔·艾斯兰特先生是法国新生代数位艺术家，长期致力于互动科技和声音艺术创作，研究方向主要为参与性声音装置工具和界面设计。他曾为法国Alligre FM广播节目规划设计名为"Zappeur"的声音操作系统。目前任教于巴黎美院与巴黎第八大学，教学领域主要为3D与互动艺术。

观点

　　这次教学实验把建筑学院的学生和艺术学院动画专业的学生集合在一起，力求表达不同的时间和空间观念，介绍了新的互动可能性，以创建新的时间和空间组合。将动画和建筑团队融合在一起，思考在物理环境中影像媒介的作用。在实验教学的过程中，要求学生们搭建一个空间模型或设计一个装置，应用软件设计一个较为简单的互动装置，使设计能与观者的肢体动作或环境变化（如入场、声音、运动等活动）产生各种交互。通过对时间和空间的理解，学生们在各自的专业领域对别的场所、历时与共时的时间性、永久性与暂时性进行思考。

　　交互性为两个学院的学生提供了一个交流的平台，动画专业的学生得以在空间中实验他们的作品，建筑专业的学生得以在他们的创作中综合时间的维度。学生创作成果的多元化和高质量，表明参加这次教学实验的10个小组的同学们具有出色的学习能力和创造能力。

　　这次设计作品的多样性和创造性体现出多学科合作途径的未来趋势，生态可持续、未来的智能城市等都将是多学科合作的创造性活动成果。

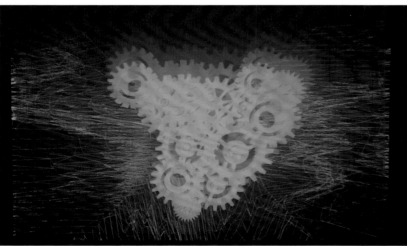

实验成果：东南大学艺术学院的三件学生作品

机器　空间　想法
——与英国艺术家的机器互动

课题设计
学生作品与评析
外籍教师观点

课题设计

美术与设计研究所教师与三年级的全体同学参与了一场名为"机器空间想法"的为期两周的中英联合教学。邀请了先后任教于荷兰阿姆斯特丹皇家艺术学院（Rijksacademie Amsterdam）和荷兰登波士艺术与设计学院（Academy for Art and Design,Den Bosch）的英籍教授汤姆·普基（Thom Puckey）先生来对此次联合教学进行指导。

联合教学的目的

汤姆·普基教授试图从实践、理论、哲学以及艺术的角度使学生了解什么是机器和机器的功用；了解机器在人类生活中的意义与位置；了解它们的正面和负面的特征以及人们对它的爱与惧；研究机器与自然之间的关系；了解机器与人类个体和群体之间的互动关系。使学生通过新颖的、不寻常的设计和表达方法，去设计和制造一个看似没有目的的机器。

联合教学的内容与方法

联合教学分为若干个从技术到想法的讲座、研讨会和具体制作三个部分。在第一个阶段，汤姆·普基教授准备了3个讲座，第一个讲座是关于基本力学和机械技术，展示了康奈尔大学的某运动学机构集合；第二个讲座是关于"机器—想法"（machine-idea）在20世纪艺术中的发展，介绍了许多当代艺术家的相关作品机器背后的思想；汤姆·普基教授在第三个讲座中讲述了自己作为艺术家的作品和想法，以及勒·柯布西耶和雷姆·库哈斯建筑中对比鲜明的机器

汤姆·普基教授在授课

思想。通过讲解，学生们逐渐了解了机器的主题，并开始酝酿一个关于具有想象力和隐喻的机器的结构概念。此外，汤姆·普基教授对西方哲学中的"时间"主题进行了粗略的勾勒，并鼓励学生在他们的作品中探讨从非常普遍到非常个人化的各种主题。

系列讲座结束后，进入研讨阶段。学生们被分成若干小组，每个小组5—6人。在中方教师的指导下，每个小组都用文字和图画的形式做出初步想法的提纲，汤姆·普基教授和各位教师对初步的提纲进行评论并提出建议。建筑系老师向学生小组的代表详细讲解了所有工具和设备的使用情况，以及不容忽略的安全注意事项。

在工作营开始的几个月，汤姆·普基教授提供给学生相关的阅读书目，请学生尽量多地进行阅读和学习。学生们从中收集到大量的影像、照片素材，使讨论能够更为深入和生动，也获得了更为丰富的灵感。

作业与练习要求

第一周：要求学生计划和绘制所设计的"机器"和模型的草图，以便在第二周搭建。教师随时准备与学生进行谈论，给出建议。

第二周：实践与制作。教师随时与学生对制作过程中的材料选择、组合形式、结构衔接等进行讨论，并给出建议。

建议拓展的思考方向有：

（1）居住的机器，一个工作模型

（2）思索的机器，从语言机制考虑

（3）高效的机器

（4）无意义的机器，一个没有功利企图的实体

（5）美学机器，一件美的事物

（6）机器与自然，和谐、冲突与互动

（7）声音和光的机器

（8）欲望机器，对于人性之爱的隐喻

（9）畏惧的机器，如涉及战争和军国主义

（10）幽默和荒谬的机器

（11）如同机器的城市：城市如何像机器一样运作；人流、车流如何以一个如同机器一样的身份运行；能量是如何储存和释放，以确保城市正常运转。

在实际操作中，学生可以用简单并且易于操作的材料，如木、混凝土、石膏、铝、塑料、自然材料等，利用木工、陶艺等多种方式进行创作活动，最终完成一个能有效运作的机器装置。工作营最终以展览的形式呈现教学过程与成果。

学生作品与评析

联合教学的成果及其过程（一）

作者：季啸白、施惠文、李鑫、邵云通、王昊龙、林萧

中方教师：赵军

习作：《惊澜无痕》

创作灵感源自小组成员对自然与生活的感悟，他们认为日复一日的机械运动磨灭了人们对生活的激情，看似波澜不惊的生活实则乏味无趣，了无生机。在当今的工业时代，如何用自然的律动去唤醒存在人们内心深处的原始自然？小组成员以"水"作为创作源泉，用水代表自然。从水面荡起的波浪中提取元素，以波浪点成线，再以线成面。他们从控制单体构件的运动开始，不断叠加放大，最终带动整个空间产生波涛般的律动，证明了即使是在工业时代，自然也从未消失。

该作品选用的材料主要有：卡纸，镜面贴纸，棉线，钢丝，螺丝螺母，自行车轮毂，木杆件和木板片。

小组成员首先找出几组自己比较感兴趣的材料，这些材料可以较好地表达设计思想，并且利用卡纸制作1：5概念模型的框架，控制盘以及结构单元。

在1：5概念模型实验过程中，发现了原有材料的不足，如模型各部分的阻力可能过大，当每个节点受到向下的重力小于所连接其的线的摩擦力的时候，运动会卡死；线在运动中有时会经受不住拉力而断裂等等。另外因为控制盘的半径决定了系统运动幅度的大小，为了保证方案最终的视觉效果，小组成员决定去寻找足够大的控制盘去制作1：1实验模型。实际制作时又遇到了难以控制精度

机械装置受力分析

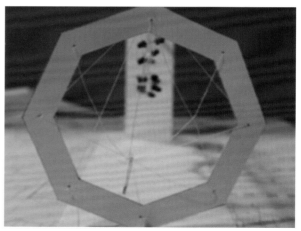

保证系统初始状态为水平，一体式导线管实际制作时难以穿线等困难。针对1∶5概念模型和1∶1实验模型制作时出现的种种问题，小组成员采用了如下的应对方案：

采用实木板片制作悬挂的结构单元，保证结构单元有一定的重量（大于所系线的摩擦力，保证整个系统可以顺利运动）。改用钢丝线作为系统中的连接线，这样保证其强度可以承受一定的拉力，同时钢丝线还可以使用润滑油来减少整个系统的摩擦力。考虑到经济因素和制作难易程度，小组成员选择了自行车轮毂这一物美价廉且制作程度较容易的道具作为控制盘的骨架——轮毂上均匀分配的孔洞方便了钢丝线的固定。此外采用束线器取代打结固定钢丝，可以精确调整钢丝长度，独立的短导线管也更加便于穿线。

在最终的搭建过程中，小组成员选择用木材制作作为基础部分的三角形支架，这一方面是为了将驱动系统提高到更易操作的高度，另一方面是利用三角形结构为支架确保稳定性。在木材相接的节点位置使用角铁固定，借助轮毂上气孔周围的两个辐条孔，将轮毂卡在支架上后用螺丝固定。驱动系统选择从24英寸的自行车轮毂上均匀取8个辐条孔，将八枚钩钉用螺母固定在辐条孔中，将剪好的钢丝从钩钉中穿过，这样钢丝可以不与车轮接触，减少摩擦力。钢丝经过导线管与悬挂系统相接，第一根导线管用钢材代替PVC材料，使其不会因钢丝绳的摩擦而受损。用一根钢管和一根木杠制作连杆，钢材提供足够的强度，木杆提供足够的长度。把每个车轮上的钢丝汇聚到一个较小的钢丝圈上，用一根大螺丝将这些钢丝统一固定在连杆上。连杆的两端与旋转臂相接，转臂的另一端铰接在支架上。并且在转臂与支架间垫一张正八边形板材保证连杆两端在同一平面上做圆周运动。在两个组件相接的结合处用垫片防止组件直接接触以减小摩擦。将7块40cm×5cm的木板通过子母螺栓和轴承进行首尾连接，再用束线器将穿过导线管的钢丝分别固定在木板链的两段和中间的连接点上，按照这种方法制作6组木板链作为悬挂系统的结构部分。裁切直角边分别为30cm和55cm的直角三角形黑卡，并取一半贴镜面贴纸。卡为两层错位悬挂在木板下方，形成悬挂系统的围护部分。

当操纵者转动控制盘时，钢丝线会随着控制盘的转动有规律地伸缩并使整个悬挂系统做起伏运动，进而带动悬挂系统的有规律波动。悬挂系统的起伏使空间在高度上发生变化，悬挂着的镜面贴纸角度的改变又导致了反射光线的律动，波浪般流动变化的空间也随之产生。

结构设计过程：装置的框架

教师评析

　　我们在沟通的过程中发现小组成员对现实与自然之间的关系充满了思考，希望用机器的语汇解读自然，唤醒人们最深处的记忆，但是如何模仿水面却成为一个难题。于是我们尽量让小组成员思考水的运动，以点线面为出发点，对自然界中最常见的波浪线进行模拟，再与以grasshopper软件为基础的参数化手段相结合，使空间整体呈现上下摆动、前后传递的波浪形变化，最终形成"惊澜无痕"的视觉效果。

实验成果：装置《惊澜无痕》

联合教学成果及其过程（二）

作者：周梦筝、于景、黄思诚、佘悦、多尼、王洪阳、陈一瑶
中方教师：赵军

习作 《箧》

箧，藏物之具。此装置以机械的方式将人藏起，使得行为与结果化为一体。人坐下的动作促使两侧的装置向中间涌去，上一秒热闹的世界瞬间变得安静下来，而空间的变化也使得人蜷缩起来，隐藏在这狭小的封闭空间中。行为作用于环境，反过来也作用于自身，揭示了一种因果，空间与行为互相影响的关系。

选用的材料主要有：

废旧报纸，木材，布帛，弹簧，导轨，PVC管

受材料分析方法的启发，按照老师们的指导，学生们根据内心的想法选择了贴近主题的材料，用废旧报纸与木材勾勒出装置的大概轮廓。交叉撑改变了椅子原有的单边滑动装置，创新成两脚向两侧滑动。在交叉撑上剖出凹槽，使两撑完全贴合。中央加轴，使座椅不至左右摇动；为轴加一导轨，使椅面移动时保持竖直。交叉撑两脚固定在滑轨上，用弹簧相连，使它可以自动回复原位。底盘使用大小齿轮同轴运动的方式，交叉撑的横向运动由链条传送到齿轮上，带动小齿轮转动，小齿轮将力传到同轴的大齿轮上，实现了在较小空间内力的传动，从而拉动筝形框架至较远的距离。使用半圆轨道来限制轮子的运动轨道，再通过收拉系在框架内侧或外侧的绳子来实现整体的合或开。因为要由椅子推动门转动，所以门要尽量轻，同学们采用PVC管做骨架，再粘上牛皮纸和报纸。两者结合，装置完成。

教师评析

在交流中发现学生们的想法较理想化，未能充分考虑到椅子的移动轨迹，于是尽量地让学生们在最大程度上使用不同的机械装置，让椅子的运行轨迹与外置装置结合在一起，使两者产生相互作用。人与机械的互动大大地增加了趣味性，使得参与者能够更好地体会这一装置的主题性。

实验过程：制作坐具

实验过程：制作框架

机器 空间 想法——与英国艺术家的机器互动

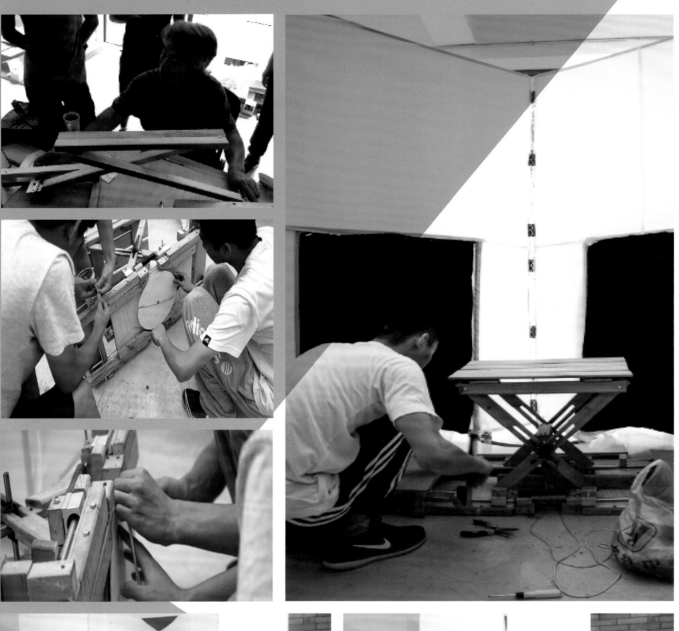

实验过程：制作与测试

实验成果：装置《箧》

联合教学成果及其过程（三）

作者：陈袁杰、顾杰、李艳妮、庄琪、朱自洁
中方教师：曾琼

习作：《防卫之心》

本装置的出发点是将两种不同的机械运动方式——旋转运动和伸缩运动结合起来，因而装置的传动结构分为两部分，一个是亚克力片做成的核心，进行旋转运动，一个是周围的铁签，进行伸缩运动。这两个部分对应着"心"（heart）和"防卫"（armed）。中间的亚克力轻且脆，具有柔软、脆弱的质地；而铁签金属感强且十分尖锐，具有强硬、冷漠的质地。两者形成对比，矛盾之中又存在某种和谐。这种冲突性也是现代人身上明显的性格特征。

整个装置由4—9个单元组成。通过转动连在第一个单元内大齿轮上的摇杆，第一个单元内的大齿轮带动三个小齿轮转动，由于螺杆与小齿轮连接在一起，第一个单元内的小齿轮会带动其余单元内小齿轮转动，其余单元内的小齿轮会带动其余单元内大齿轮转动。亚克力短杆片呈120度固定角度连接在一起，两两短杆片之间接有可绕节点自由转动的长杆片，6个长杆片和6个短杆片相接成一个六边形环，这个六边形环通过一个锚点连接在单元内大齿轮上。当大齿轮转动的时候，杆片也会转动，最终带动受桥架约束的铁签伸缩。

前期亚克力核心部分在转动过程中偶尔会出现杆片卡住的问题，也有部分亚克力脱落的情况发生，后通过增加亚克力之间垫片的数量的办法来避免亚克力片之间过于紧密，同时使用亚克力胶增强结构强度。杆片转动尝试时发现大小齿轮卡住而无法转动，并且小齿轮转出大齿轮所在平面而无法卡接，后通过对小齿轮的齿进行打磨，同时减少主动轮个数的办法来解决。当尝试多单元转动时发现，三根轴均采用螺杆时，由于螺杆材质较软，受压力过大，从而产生弯曲，难以转动，于是将下部分的两根转动轴改为承重轴，同时适当减少单元数量，减轻最上面螺杆的负担。前期支架使用密度板材料，但密度板强度较差，为了达到称重要求，结构不应过于复杂，后将材料由密度板更改为木条，同时简化原有的支架结构。虽进行多轮优化但该装置仍有部分遗留隐患，如装置上多数节点的固定方式都是使用各种胶（如亚克力胶、502胶、UHU胶、AB胶

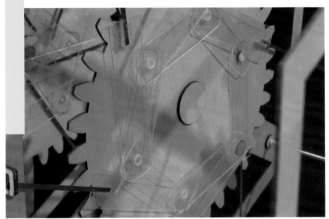

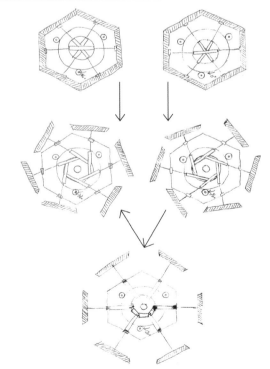

实验过程：机械装置的工作原理示意

等），所以黏结不够牢固。除了使用螺栓固定的装置其承重结构较为坚固以外，多数传动部分比较脆弱。因此，如果装置在转动过程中受到过大的外力，或者过于频繁地转动多次之后，装置的节点有可能会出现脱落甚至是损坏的现象。

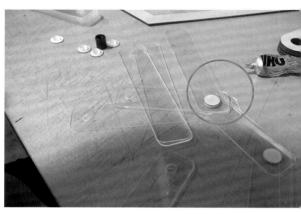

教师评析

　　机械运动是一种相互作用的运动，也是一种力的传输。此装置通过齿轮之间的相互作用，把力转化成横向的动能，使六个活动板块形成打开与闭合的往复运动关系。这个装置作业是由一组动力齿轮带动齿轮上的连杆，连杆带动横向的金属条，金属条与连杆形成放射状的横向运动，最后推动隔板的开闭动作。实验设计出了一个较好的机械原理，但是由于材料硬度、厚度的限制所以运动不是特别顺畅，形成了一定的阻力。在后期的调整中，学生们又对材料进行优化，最后形成了一个较完好的作业。

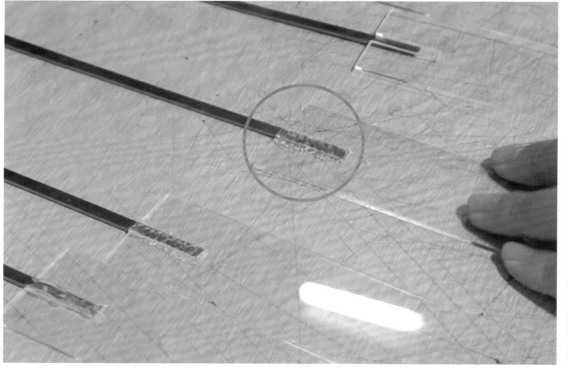

实验过程：设计、组装装置

传动轴

承重轴

实验成果展示：装置《防卫之心》运作场景

作者：孙昊成、黄奕宸、尹维茗、唐哲坤、汪岩

中方教师：曾琼

习作："生而为陨"

概念生成——鲁迅说："悲剧，就是把美好的东西毁灭给人看。"机器的悲剧性内核，是小组成员在最初的构想里强烈想表现的一种气氛。

在奥地利著名的表现主义作家弗兰兹·卡夫卡的小说里找到了灵感。卡夫卡的角色无一例外地充斥着自我毁灭的矛盾，充斥着梦幻与真实的冲突。设想这样一种机器：如同卡夫卡小说里痛苦生活中的幻象一般，充满个体的毁灭、矛盾与悖论。

为了创造这样一种悲剧性的机器，组员们提取出"自我毁灭"的主题，并以轻盈易碎的气泡作为创造与毁灭的载体。温暖的泡泡被冰冷的机器源源不断地生产出来，盘旋，升起，停滞，而最终又被生产它的机器所毁灭。

这是一台充满隐喻和冲突的机器。在大众文化里备受欢迎的泡泡成为一个极具吸引力的实验对象，绚丽而轻柔的泡泡充满戏剧性地被生产它的冷酷机器所毁灭，就像每个充满矛盾的个体在坚硬与柔软的碰撞中逐渐为自己的核心武装起金属的利爪。

方案推敲——机器的结构由"创造—毁灭"的循环自然赋予：生产泡泡的装置位于最下方，往返的圆环汲取产生泡泡的原液；而摧毁泡泡的装置位于最上方，对飘浮的泡泡进行无休止的冲击；其间由统一的齿轮—连杆传动系统进行驱动——统一的传动系统将悲剧的个体性最大化。

方案深化——完整概念确定后，进行方案的整体深化。在下部装置中，齿轮终端连接细线，穿过一组圆环，吊起一个泡泡环。随着齿轮的转动上下运动，汲取泡泡水。

上部装置有两种备选方案：第一种是一组下落的铅锤，在垂直方向上下运动。第二种是一组机械爪，沿圆弧挥舞。相比之下，第一种方案较为简易可行，但第二种方案呈现的运动方式虽更为复杂，但赋予机器某种"拟人化"的自主性，因此我们决定对第二种方案进行挑战。

实验构思与草图

全国高等学校建筑美术教程·名校名师系列

东南大学／视觉设计联合教学

传动部分同样有两种备选方案：第一种传动体系由齿轮与驱动杆组成，齿轮的旋转将驱动杆带动上升，随后驱动杆又受自身重力作用而下落。第二种是曲柄滑块模组，滑块的运动轨迹被滑轨所限定，随着齿轮的旋转而上下运动。在实验过程中，我们发现通过两个曲柄滑块模组的对接，可以将驱动轮的圆周运动有效转化为从动轮沿圆弧的周期运动。将机械爪安装在从动轮上，即可实现机械爪挥舞的理想效果。

节点考虑——在材料的选择上，认为金属比木材更具有冷酷的机器气质，因此选用易加工连接的U型钢板作为整体结构的金属框架。

实体搭建——搭建金属框架：将U形钢板按尺寸加工后用角钢、螺栓等进行刚接。制作传动部分：齿轮、连杆、滑块均按照设计方案用白卡制作，给组件上喷金属漆，使传动部分与框架呈现出一个整体的视觉效果。最后用短U型钢板连接在框架上作为导轨，实现传动部分与框架的组装。

经过多次试验，我们用宿舍里的日常材料配制出了合适的泡泡水。为了让泡泡上浮，我们按照原本的设想给泡泡水加热，却发现热泡泡非常脆弱，于是加设了一个向上送风的风扇。

组装完成后，为传动部分加上润滑油并检查框架连接件。经过多次调试，终于达到了预期的效果。

实验构思：节点设计

教师评析

　　这个机械装置作业被同学们赋予了一定的含义，也许来自一些悲剧，也许就是一种机械运动的结果，泡沫是短暂的，是必然会毁灭的，那么通过一组机械的运动使泡沫不断地产生，上升，飘移，最后被机械捣碎变成水雾飘散。通过机械产生泡沫，再通过机械把它毁灭，柔软的泡沫碰到坚硬的机械产生一种软硬的碰撞，从机械运动到泡沫形成，自然升空，再与机械臂碰撞，整个运作非常流畅，一气呵成。此装置的设计较为合理，机械传动部分从齿轮到连杆再到滑块均做到了较合理的动力分配，各个传动部分的材料选择、运用也与其功能比较匹配。

实验成果展示：运动中的装置《生而为陨》

联合教学成果及其过程（五）

作者：谢祺铮、高媛、杜淦琰、刘璇、张帅

中方教师：沈颖

习作：《虚敧器》

概念构思阶段，小组成员从装置的中国语境出发，寻求运动的中庸之道——平衡与诗意，试图利用机器的运转机制诠释千百年来中国文人内心的双重欲望，表达中式独有的平衡、内敛、温润之力，不舍昼夜，流转不息。

主要材料有：食品级无刷静音微型泵、有机玻璃管、玻璃缸、长竹筒、宽平竹板、厚铝管、速干混凝土、玻璃胶、弹力绳、钓鱼线、棉线、麻绳、木棍、螺丝、角铁、泡沫板。

为了支撑起中式寓意下的运转机制，整个装置的结构分为顶盖、上部、中部、下部、水池五个部分。上部和下部的运动相互制约，动力由水的势能转换成动能来提供。底部水池中的水泵将水抽到顶盖盛水盆中，由八根竹槽分流，沿棉质引线顺流而下，穿过中部的隔板，落入下部的敧器中。敧器水满则倾，水最后跌入麻布水斗中。顷刻间水的势能带动水斗向下运动，拉动弹性绳连接的连杆，敲击中间的铝管发出清脆的声音。敧器水空又复归原位，水从水斗漏出，也复归原位。整个装置重归平衡，静静等待新一轮运动的发生。

方案实践阶段，学生们拆解装置的运转过程中的每一步运动，测验运动的可行性和运动之间的连接的问题，包括测试水泵扬程、水量和流速；制作竹筒单元，寻找平衡点，做倾水实验。通过在竹筒底部加垫两层泡沫，减小竹筒底部密度，让竹筒更易倾倒。正式搭建时，在展厅布置顶部悬挂网。分别制作顶部顶盖、中部隔板、下部敧器和水斗。各部件组合后整体悬挂起来，中心管接水泵进行装置各部分的调试，保证水流的顺畅。

实验过程：虚敧器使用材料制作测试

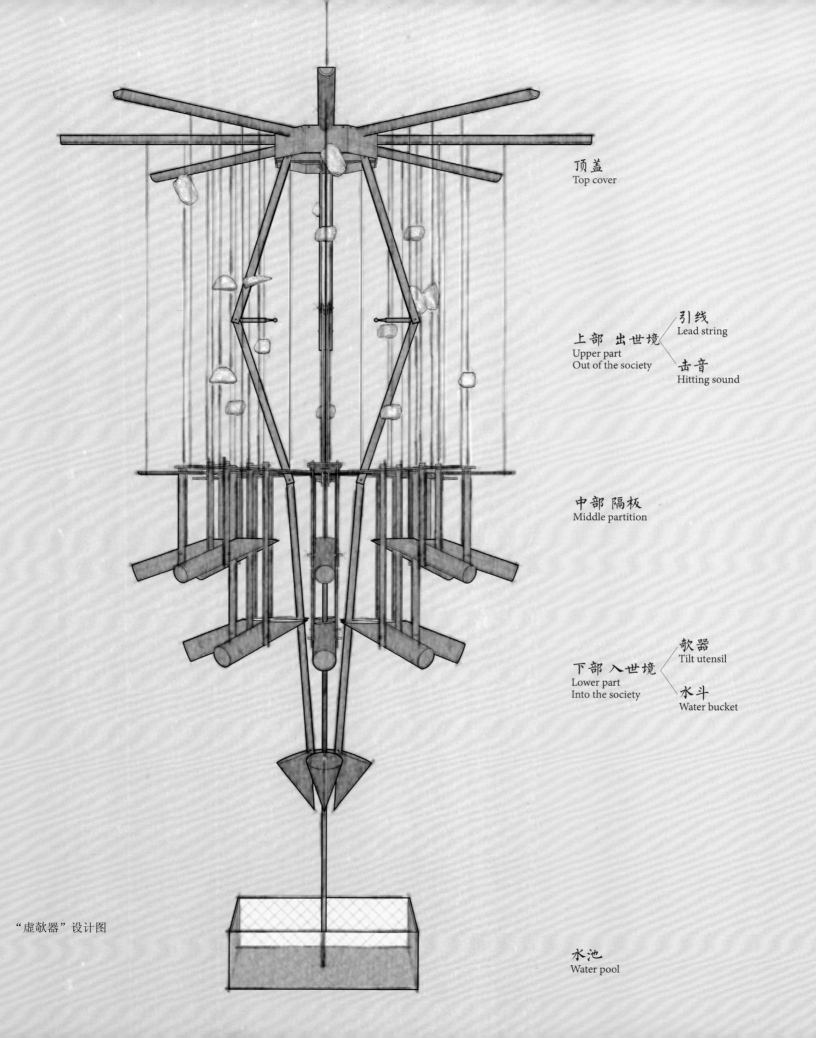

顶盖
Top cover

引线
Lead string

上部　出世境
Upper part
Out of the society

击音
Hitting sound

中部　隔板
Middle partition

欹器
Tilt utensil

下部　入世境
Lower part
Into the society

水斗
Water bucket

"虚欹器" 设计图

水池
Water pool

实验成果："虚欹器"局部

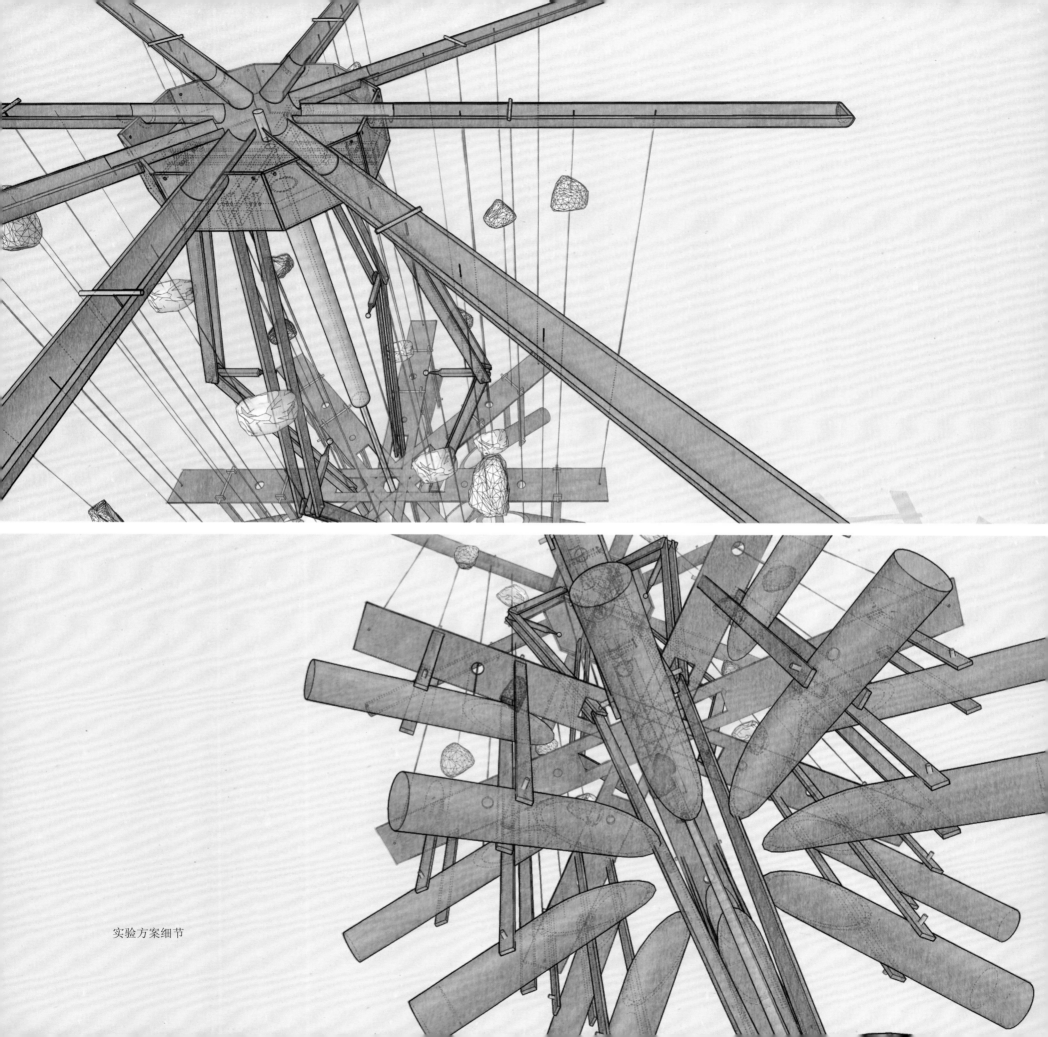

实验方案细节

教师评析

　　敧器是古人用来警诫自满的器具——虚则敧，中则正，满则覆。由于缺乏实用价值，早已失传，但它却用物理现象含蓄而高深地演绎出社会哲学，值得我们深思。"虚敧器"是在本次联合教学中唯一的一个从中国传统语境中延伸出来的中式机械装置。说到机器，人们首先会想到工业革命时代的各种推动人类社会进步的钢铁猛兽，它们通过发动机驱动、连杆传动、齿轮咬合、皮带牵引等的机械运动，创作出超越人类的速度和效率。而中国是世界上机械发展最早的国家之一，古代中国在机械方面就有许多创造发明，在动力的利用和机械结构的设计上均有自己的特色。这组学生从中国传统文化的视角展开思考，借助这个朴素的机械装置，诉说了对中国古代哲学的理解，诉说了时间，也诉说了中国智慧。

实验成果："虚敧器"整体与局部

机器　空间　想法——与英国艺术家的机器互动

联合教学成果及其过程（六）

作者：黄予、曹息、高玥琰、洪齐远、程一晋

中方教师：沈颖

习作：《心脏》

概念构思阶段，小组成员们试图从心脏的运动中寻求一种独属于精密机器的美。为了与明确的"不可知的自然过程"区分，他们用齿轮和细杆体现"清晰的传力"，用重复排列的单体制造"宏伟的秩序"。一环扣一环，仅仅从一个零件开始，带动整个程序,使"生命"运转。

为了实现齿轮与杆件之间的铰接与运转，经试验与推理确定了两个齿轮带动四片杆件的单体形式，并加入齿轮架固定，将齿轮改为空竹形。

整个装置的结构分为三层。每层平面又分为3×3个单体。上下层的运动相互制约，用固定轴的延长作为层与层之间传力的工具，同时转动，更丰富了视觉上的运动体验。

方案实践阶段，小组成员们进行分步骤组装，测验运动的可行性。从一个单向的平面节点开始，然后增设另一个方向上一组相互咬合的齿轮，形成两个方向上的平面节点。再拓展到三维层面，下层齿轮仅通过杆件横向连接，上层纵向连接，形成一个2×2×2个的空间节点。通过人力驱动齿轮，使其转动，杆件开合，感受阻力。

改进优化阶段，针对运动传导逐渐减弱的现象，小组成员们通过增设杆件的连接推动齿轮，利用两个齿轮间的互相牵制，促使它们完成完整的转动。选择与该模型气质相合的蕾丝胶带贴在硬杆上，反映其运动轨迹，使运动的展现更加灵动有趣。用小环固定亚

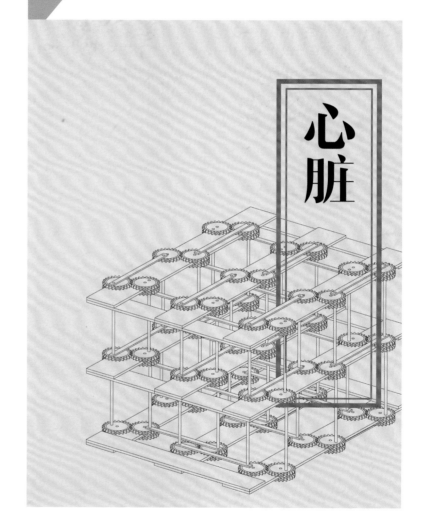

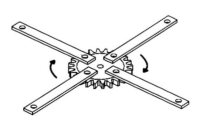

节点与单体的运作示意

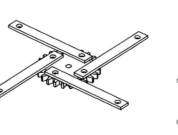

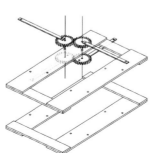

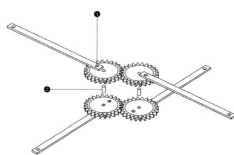

实验过程：设计与测试组合运作

克力棒，以限制杆件的滑动范围，使得硬杆的传动得以顺利进行。

教师评析

　　这组装置用齿轮和连杆运动构成往复开合的视觉效果，模拟心脏的搏动，将复杂的生物机体现象模拟为清晰简明的机械运动。亚克力材料使装置具有通透而脆弱的美感。以目前的结构体系来看，每一层都需要一个动力来源，每层中随着单元节点的增多，阻力也会逐步增大，但装置本身具有一种轻盈的美感。

实验过程：逐步改造齿轮

实验过程：装置《心脏》设计图　　　　　　　　实验成果：装置《心脏》

联合教学成果及其过程（七）

作者：刘昌铭、晏星、肖嘉欣、林琴琳、雷一鸣、徐能

中方教师：朱丹

习作：《阿基米德触手》

在第一阶段，小组成员们的主要任务是概念的拓展及相应的形态构思。经过讨论，提出了"机器是一种秩序的结合"的观点：机器中的部件遵循秩序运动，无数个部件相互关联、彼此咬合，形成了机器。这种关系类似于某种生命体（如人、动物、植物等）都遵循着自然的法则以某种秩序存在着。在造型的选择上，小组成员采用了章鱼作为母题，发现其触手可以结合阿基米德曲线的规律拆分成彼此咬合的若干小单元。触手单元的转动角度被严格控制，依靠穿过触手单元的渔线实现展开与收缩。

第二阶段的主要任务是结构单元的设计及动力实验。小组成员们对单元节点的构造进行了推敲，并对该装置的动力原理用较小的模型进行实验，确保装置运动的流畅性。动力原理方面借鉴了中国传统玩具"小鸡啄米"，利用铅锤加人力的模式来牵动单根触手。

最后在空间中搭建成型。小组成员们在电脑建模后，使用各种材料来实现装置在空间中的悬挂。由于需要承载较强的拉力，所以在触手主体完成后需要增加金属固定装置。

主要材料有渔线、铅锤、有机玻璃、椴木板、金属固件等。

这是一个会动的章鱼，圆与尖的元素交替，机器的冰冷感被水晶般的触手淡化中和，在灯光下反而有一种温暖的生命感，纤细透明的渔线是它的神经组织，控制着它的往复运动。神经末端，金属锤高低错落，像水中漂浮着的岛屿。

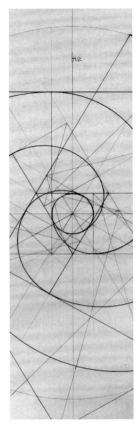

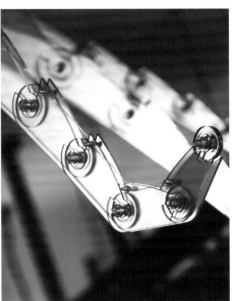

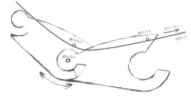

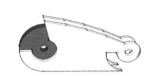

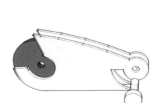

转动模式示意
Mode of rotation

节点的草图结构与转动模式示意

实验过程：测试与装配

教师评析

　　"机器"是一个内涵丰富的主题，不同的人对于"机器"可以从不同的角度进行解读。该组设计中，组员们试图诠释"机器是一种秩序的结合"这一观点，并尝试从自然的形态中获得灵感。

　　在西方思想中有一个基本假设，即宇宙是由理性构成的，规则和支配是自然秩序的一部分，自然中所有的存在必须遵循自身的类型，所以我们可以认为生命体的构造和形态亦可视为某种特殊的机器。这组触手设计的形态仿照了海底生物，数据上与2000多年前古希腊数学家阿基米德螺线相契合，其中所体现出的逻辑性、秩序性很好地诠释了机器的某方面的特征。此外节点的设计比较巧妙，透明的材质将运动原理表露无遗。在质感方面，金属与有机玻璃也产生了轻与重、显与隐、虚与实的多重视觉对比。

汤姆·普基教授与贝雅教授在体验实验成果装置《阿基米德触手》的互动效果

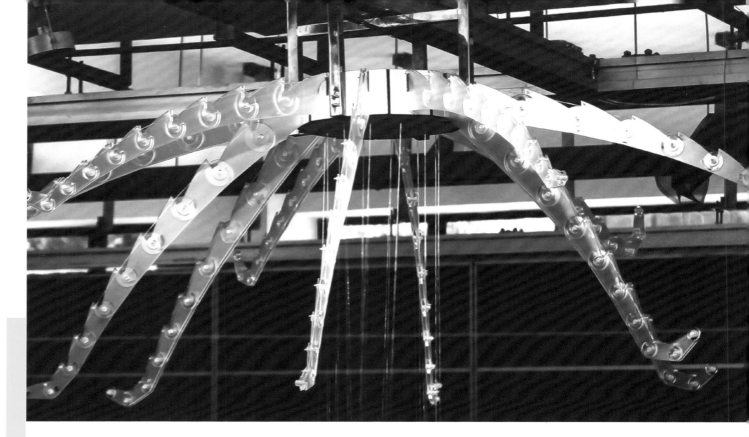

实验成果：装置《阿基米德触手》（展示放与收两种状态）

123

机器 空间 想法——与英国艺术家的机器互动

联合教学成果及其过程（八）

作者：刘璞桥、李曼雪、崔乐晴、李淑琪、谭新宇、冉旭

中方教师：朱丹

习作：《涟漪》

小组成员在构思阶段从动力原理开始分析，首先拆解了一个可以伸缩的玩具球，并对其运动原理和节点进行分析和重组，最后确定了一种运动的逻辑形式。

运动方式确定之后，重点是赋予该装置一个诗意的形态并且对实施节点进一步研究。经过反复讨论，最终装置被确定为"涟漪"的概念，如同扔进水中的石子，一个简单的动力推动结构层层展开，而相反的动作则使结构缓缓收缩。在节点形式上，则简化成三角形结构和"井"字形节点。

方案实践阶段，小组成员们要重点解决动力源的问题，及装置在运动的过程中出现的类似遇到阻力时运动卡顿、边缘动力变小、运动幅度变弱等问题。通过改变接触面的光滑度、装置底部增加助力滑轮等方法不断改进装置，最终达到装置的自如收缩。在机器的底部，小组成员安装了一片圆形镜面，使涟漪的动态产生镜面反射的视觉效果，也强调了水景和影的感觉。

教师评析

这个设计在初始阶段只是另一个伸缩球结构的附属品，但在逐步推进的过程中，组员们发现这附件的结构关系更为明确，造型更为简洁。他们决定发展这个可变结构，设计的小样中该结构可以通过高度的控制收缩与开放，组员们想要通过感应器将之设计成一个能捕捉到人的行为的悬吊装置。不过在实施的过程中，由于结构自重导致结构变形，此外电子推动设备能推动的力也不均匀，边缘部分的变化随推动力的减小而相应减小。经过修改，他们调整了思路，将装置的位置改为平行放置于光滑的玻璃表面以减小阻力。在视觉效果上，装置本身与它的镜面投影融为一体，从视觉上增强了这种变化的强度。

实验过程：方案形式推进

初步方案的形成　　初步方案的发展　　中期方案的研究　　最终方案的确立

通过调整旋转的离心力，实现结构的展开，创造一种花朵展开的效果

拨动最上方的齿轮，通过中间铰接杆的传导，使得下方的齿轮组上下滑动的同时实现旋转

香薰球在外部旋转时，内部的碗状结构开口始终保持竖直向上

伸缩球能够在空间上缩成一团或展开成一个球面

简化的伸缩球

伸缩球重新组装成的平面拉伸六边形结构

机器的核心在于运动，而机器的运动会导致机器构件限定的空间产生变化

底座受压时，就会在水平方向展开，并向竖直方向凸起，形成一个斜杆相互连接成的结构

结构继承了伸缩球可以伸缩的特性，但与其不同的是，我们将球状模型改造成一个平面模型，使人们更能注意到这种结构的动态性和结构原理

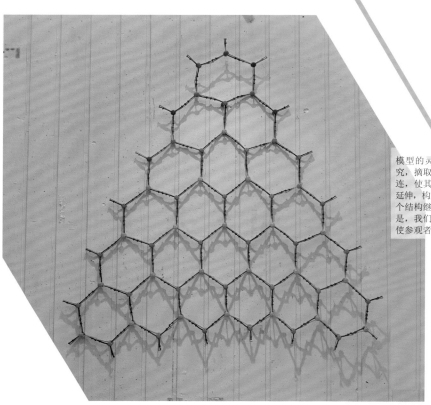

方案结构创新

模型的灵感与原型来自玩具伸缩球，经研究，摘取其中接三条杆的节点，将其两两相连，使其成为一组六边形，所以此为基础处延伸，构成由12个六边形组成的平面结构。这个结构继承了伸缩球伸缩的特性，但不同的是，我们将球状模型改造成一个平面模型，使参观者能清晰地看到这种结构的动态性。

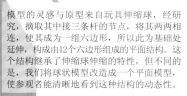

"井"字节点

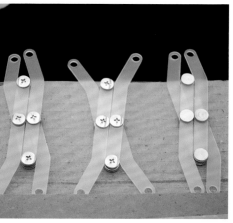 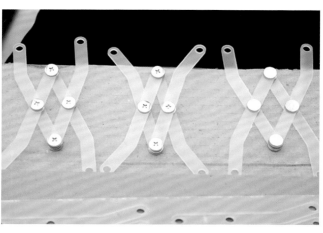 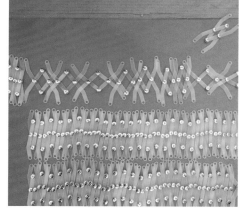 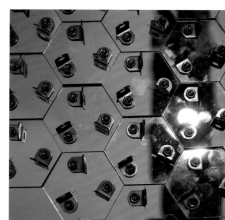

节点设计

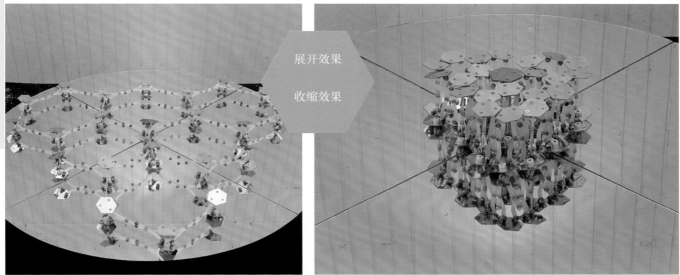

展开效果

收缩效果

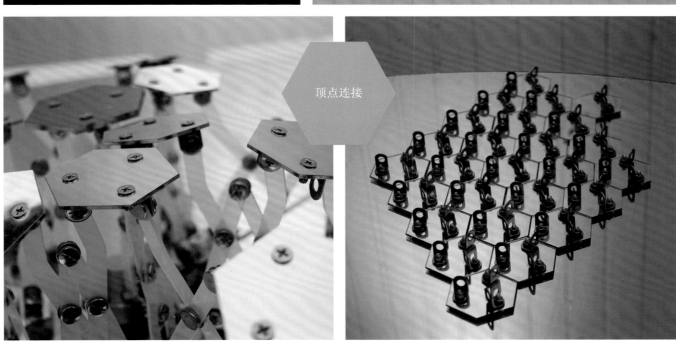

顶点连接

实验成果：装置《涟漪》整体与局部

联合教学成果及其过程（九）

作者：朱力辰、周隽恒、高居堂、杨大伟、张柏洲

中方教师：张蕾

习作：《观测者》

设计灵感：

我们处在一个多维宇宙中，在物理法则的驱动下，世界像一个稳定运作的机器，这部机器在时间和空间的尺度上都远远超出了我们的视野。我们作为宇宙的观测者，是孤独而渺小的。"观测者"这部机器旨在通过抽取概念，并加以提炼、演绎的方式，将漫长的时间流逝转变为可控的旋转形式，借此模拟观测宇宙的这一行为。

装置底部的巨大飞轮寓意时间，在它的驱动下，表示空间的标尺逐渐伸出。之后上方的叶片旋转、展开、收缩，这一过程指代生命的发展和交替。而这一切被顶部的光圈记录下来，转变为意识体中的经验和知识。

轴测分解用于大致表示安装逻辑。自下而上依次为：基座、飞轮、行星减速组、抬升螺杆用螺母、标尺展开层、叶片展开层、伞体、光圈展开层。每一层独立进行制作，再经由PVC管定位安装形成整体装置。PVC管分内外两圈，内圈主要起支撑作用，外圈在支撑光圈展开层之外，还需作为定时轮盘组及减速链轮组的固定轴。运作逻辑是底部飞轮提供动力，经由行星减速组传动至外侧的三套链轮及各自的定时轮盘上，将运动定时定速分别传至三个展开层。伞体借由螺杆的旋转上升达到穿过光圈后旋开的效果。

实验感悟：

这次的机械装置设计制作为时较短。在短短两周之间，从装置构思到设计完成，再到制作和调整，无论哪一步都充满了挑战。一面踌躇地考量设想的可行性，一面寻找契合构思的零件或机械构造。我们在惊喜与失落中蹒跚前进。最终的装置虽然可能并未达到完美，但是这个结果已经远超我们起初最大胆的设想。知识的获得之外，这份经历本身更是弥足珍贵的，它鼓励我们探索未知的领域，而这正是真正的建筑大师们一直在做的。

装置局部

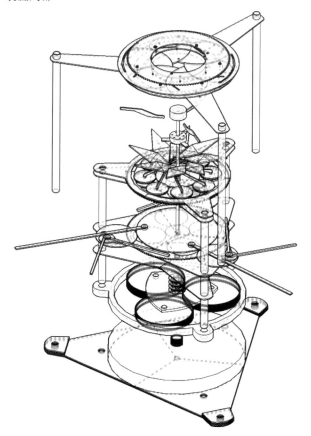

装置运作原理

全国高等学校建筑美术教程·名校名师系列

东南大学／视觉设计联合教学

教师评析

  机器，复杂和有序并存，如同纷繁的宇宙遵循着一定的法则运行。一个冷静又孤独的宇宙观察者的情绪，不仅体现在对于机器零件的精心选择和其表现出的精确结构上，同样体现在层层叠叠的透明材质带来的精致、神秘上。

  这件作品的主题是比较宏大的，想要表达的概念极为抽象，如何将时间、空间、生命，翻译为具体的可被感知的词汇是很有难度的。自下而上的各部分组件在一个合理的操控逻辑下渐次展开运动，几何形态的结构向空间延展，终于诠释出几分终极概念，实属不易。

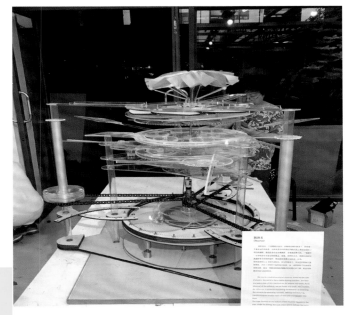

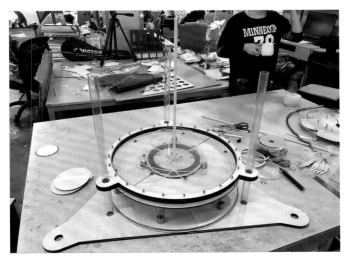

实验过程：装置测试与制作

实验成果：装置《观测者》

联合教学成果及其过程（十）

作者：陈乐琳、孙志鹏、谭柠菡、唐荣康、仲玥

中方教师：张蕾

习作：《看到你的声音》

　　本组创作的出发点是：试图通过机械装置的制作，打破惯性思维、定式思维带来的沉重与迟钝。一方面：机械，尤其是传统传动机械，往往给人以不灵活和笨拙的印象，但它能不能拥有精致而灵动的一面？另一方面：装置，往往是用来看的，怎么能唤起通感，与观者有思维和动作上的互动？小组成员们进行了两三轮"头脑风暴"，直到机灵的Z同学提出了"声音可视化"这个关键词，我们才找到了共同的方向。

　　视与听，两种如此习惯平常的行为，最基本的感觉。光与声，是感觉的触发点，是大千世界中那么普通的存在。然而，光与声有共通的语言——能量，介入其中，当我们试图打破习惯平常的思维，"反常"的现象就会出现。于是有了我们关于声音可视化的一系列讨论：

　　1．用什么进行可视化？

　　以往有人用音响带动液体振动，发现了能量在水中传播能够创造绝美形态。限于手工制作的技术能力，我们可以做什么？声音是一种能量，靠振动传输。这种振动幅度微小，怎么表现？我们想到了通过光的长距离反射来放大这种振动。于是决定用反射光束作为

装置局部

实验过程：装置测试

声音的视觉化途径。有可能被采用的光源是激光束，折射体是镜面。

2. 用什么捕捉声音的振动？

声音可以在固体、液体和气体中传播，理论上讲，一切介质都可以捕捉我们想要的振动。但是，我们创造的声音能量有限，气体传播能量损失小，所以以气体是最佳的选择。但是反射体何以得到支撑？于是想到了膜。膜是一种神奇的"固体"，如果从仿生学角度来看，可能是自然界捕捉声音的最佳工具了吧。于是选择了气球膜捕捉振动的介质。

3. 什么声音？我们可以创造出音乐吗？

到了决定声源的时候，这时候是机械传动装置发挥作用的时候了。我们需要通过简单的操作创造出音乐，依靠的正是不同传动比的机械节点组合。一个节点一种声音，不同传动比就是不同节奏，连续地触发就合奏成为音乐。我们设计了承载不同节点的木质线面构成框架，作为中性背景，凸显固定在其上的装置。尝试了多种发声物体，最终选定鼓、镲、铃铛三种"乐器"，它们的声音更容易创造振动，刚好也具有一定的传统色彩，为我们的装置带来了别具一格的混合感。

4. 如何与人互动？起源于声，借助光，唤醒你我。

装置置于室内，墙壁成为激光束的映照物。展览现场，每当有人转动手柄，借助于一系列齿轮、转盘，来自鼓、镲、铃铛的音乐便诞生了。声波被气球膜收集，膜带动镜面碎片振动，光束随之振动，最终可能映在墙上与参观者的身体上。不久，我们就看到了人们或驻足观看，或触发装置，或者与激光束进行闪躲等互动，人们如跳跃的光

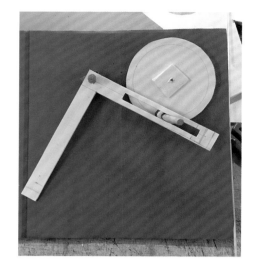

实验过程：装置制作

芒一般活跃，这不就是我们想看到的吗？

5.原创诗歌的一部分

I see your voice.

Dancing with you, I lost in your songs, you lost in my tempo.

Shimmering light embraces us, following our pace.

But they all were forms of you. The machine body, the songs and the lights.

The vibration and reflection theory in physics.

The tangible and intangible.

Who are you indeed?

You are in the light chasing the melody.

You are the vocalist chasing my rhythm.

You are my mind-reader, my alter ego.

Only at this exact moment...

I see your voice.

Your voice was your light, reflecting your electric soul.

教师评析

　　将声音通过一系列的传动装置，以光束的形象呈现出来是一个充满趣味和挑战的过程，声源的选择是概念中尤其重要的一环，既要满足易于制造的条件又要兼顾形式美感。同学们顺利地解决了这个问题，并借助蒙德里安式的构成在空间中建构出每一处声源的支点，且坚固稳定。这件作品出色的地方，是因为它将童趣、巧思、材质、结构综合考虑，和谐均衡。

实验成果：互动装置《看到你的声音》

外籍教师观点

外籍教师简介

汤姆·普基（Thom Puckey）先生是著名的英国雕塑家，早年毕业于英国皇家艺术学院（Royal College of Art），早期受到维也纳行动主义运动的影响，在20世纪70年代到80年代初，组建行为艺术二人组，活跃于艺坛。此后，与安东尼·格姆雷（Anthony Gormley）和马克·奎因（Marc Quinn）一样，汤姆·普基选择并爱上了具象雕塑，成为一个观念的现实主义者。他借鉴新古典主义，又增加了新的艺术层次，以实现对现实的思考。他先后任教于荷兰阿姆斯特丹皇家艺术学院和荷兰登波士艺术与设计学院任教。荷兰、意大利、比利时的许多城市都有他的公共艺术作品，许多雕塑作品被美术馆收藏，如阿姆斯特丹市立现代美术馆，安特卫普当代美术馆，佩奇·普拉托中央当代艺术博物馆等。

汤姆·普基的父亲是一位机械工程师，因而他从小耳濡目染，对机器着迷，现代主义建筑中对于机器美学的论述也引起了他极大的兴趣去关注建筑，这也是他将与机器相关的主题带到本学院的联合教学中来的缘由。

观点

汤姆·普基注意到，当他听到学生们对项目的想法时，他所讲解的"机器诗歌"——运动部件的美，扮演着非常重要的角色。学生们最初只有关于曲柄、滑轮、轮子、齿轮、杠杆、螺丝和其他机械部件的工作原理和相互作用的基本认识。其计划是非常理想主义的，但不切实际，他们体现出想象力、创造力，有时也激发了灵感。在这样的项目中，必须在幻想和实用性之间取得平衡，在浪漫和逻辑之间取得平衡。

在第一个讲座中，汤姆·普基描述了鲁洛的《机械运动学》（1885）一书中描述的各种连杆之后，展示了各种连杆和驱动系统本身的小视频，都来自康奈尔大学的某运动学机构集合。学生们对这些模型特别着迷和受启发，因为这些机械与任何真正的机械是分离的，它们具有一种杜宾式的诗意，齿轮、轮子等的形状和形式，尤其是它们一起运动的形状和形式，具有诗意的美。

学生们总体上很好地适应了小组合作，根据个别成员的特殊兴趣或技能，想法被分享，协作被达成，新想法被开发，任务被安排妥当，成员之间的合作都很出色。同样有趣的是，有些小组选择用木材制造他们自己的机器部件，有些小组更喜欢在电脑上设计部件，然后将制造过程外包出去，这样这些部件就可以用积层木板或透明亚克力进行激光切割。这两种方法都有其优缺点，有时候，硬制作的部件看起来有点笨拙，有时候外包的部件看起来又有点太圆滑（就像科幻小说一样）。

由于时间非常有限，学生们只有10天的时间来完成他们的项目，这就需要在最后阶段夜以继日地工作。巨大的工作空间变得相当混乱，工具被使用，工具被借用，工具被丢失。然而，似乎没有人发脾气，这本身就是一个奇迹！

有些机器只强调特定动作的美，与表达任何愿望无关，例如，一种复杂的造波机，安装在天花板附近，由一个巧妙的自行车轮子手动系统操作；或安装在镜子上，由电机控制的相互连接的金属部件组成的系统——产生聚集、分离、上升和下降运动；或者是一个非常复杂的水平操作齿轮系统，导致顶部天线状结构的膨胀和收缩。有些机器表达了某种心理或情感状态，例如，当你坐在装置中的凳子上时，一个屏风系统控制着一个液压系统使凳子下沉，屏风在你周围关闭，把你封闭在一个细胞或盒子里。或者是一种鼓励攻击性情绪的机器，让游客有机会"杀死"带尖刺的飘浮气球。有些机器直接吸引了游客的幻想，例如，一个叫阿基米德触手的机器，它由一种甲壳类的结构组成，这种结构在天花板上呈圆圈状排列，在一组悬挂的触点的拉动下，能够向外打开或向内收缩。或者是一种机器，它有一组复杂的巨大沉重的齿轮，安装在建筑的底部，在上面的区域上下移动一些非常精致的白色羽毛，表达人与自然的环境哲学。有一些机器从玩具和音乐盒中得到提示，例如，一台机器就像一种乐器，通过齿轮和滑轮系统，操纵着安装在机器内部的各种打击乐器，它的振动被激光束接收并投射到周围的空间。或者是在一个由滑道、升降机和螺旋组成的系统中，把玻璃球上上下下送出去的机器。或者是一种基于常见的塑料飞行玩具的机器，在这种玩具上，一个宇宙形状的蓝色球体会上升，并像卫星一样打开。

汤姆·普基对学生们的想象力和创造力以及他们的作品印象深刻，没预料到会有这么多复杂的结果，有些几乎适合在真实的博物馆或画廊背景下展出。老师们的投入非常宝贵，在整个研讨会的过程中，有一个非常好的监督连续性。汤姆·普基的妻子贝雅，也是一位艺术家，她也全程在现场，在需要的时候，以一名雕塑家独有的对材料选择和施工方法的经验，提供额外的专家意见。

这次汤姆·普基的工作坊教学为同学们提供了这样一个机会，让他们从一个不同于以往的角度来探讨"设计"这个主题。这是一种"机器设计"，但他们不仅仅从使用价值或美学的角度进行设计，还不得不跟随自己大胆设想后，所强加给自己要将之付诸实施并形成可展示效果的挑战。他们不是按照常规的逻辑，更多的是按照从荒诞到荒谬的非正统标准，去试图创造出某种可行的东西。